美军弹药运用与保障系列丛书

U.S. MILITARY AMMUNITION SUPPORT SYSTEM AND APPLICATION

美军弹药保障体系与运用

向红军　梁春燕　甄建伟　编著

北京理工大学出版社
BEIJING INSTITUTE OF TECHNOLOGY PRESS

图书在版编目（ＣＩＰ）数据

美军弹药保障体系与运用／向红军，梁春燕，甄建
伟编著. -- 北京：北京理工大学出版社，2022.8
　　ISBN 978 - 7 - 5763 - 1695 - 7

Ⅰ. ①美… Ⅱ. ①向… ②梁… ③甄… Ⅲ. ①弹药保
障 - 研究 - 美国 Ⅳ. ①E712.45

中国版本图书馆 CIP 数据核字（2022）第 166476 号

出版发行／北京理工大学出版社有限责任公司
社　　址／北京市海淀区中关村南大街 5 号
邮　　编／100081
电　　话／（010）68914775（总编室）
　　　　　（010）82562903（教材售后服务热线）
　　　　　（010）68944723（其他图书服务热线）
网　　址／http：//www. bitpress. com. cn
经　　销／全国各地新华书店
印　　刷／三河市华骏印务包装有限公司
开　　本／787 毫米×1092 毫米　1/16
印　　张／11.5　　　　　　　　　　　　　　　　责任编辑／徐艳君
字　　数／275 千字　　　　　　　　　　　　　　文案编辑／徐艳君
版　　次／2022 年 8 月第 1 版　2022 年 8 月第 1 次印刷　　责任校对／周瑞红
定　　价／62.00 元　　　　　　　　　　　　　　责任印制／李志强

PREFACE

前言

弹药保障是制约战场胜负的关键环节。如何构建科学的弹药保障体系,运用先进的技术手段,提出有效的保障策略,不断提升弹药保障能力水平,是所有军队都需要解决的现实问题。美军通过多次战争实践,弹药保障体制、保障模式、保障手段不断完善优化。通过研究美军的弹药保障体系,汲取成功经验,力争实现知己知彼,可为我军弹药保障工作提供有益借鉴和参考。为此,课题组在查阅、翻译大量美军弹药保障相关文献资料的基础上,整理出版本书,以期为广大弹药工作者提供引玉之砖。

全书共分为7章,主要由向红军、梁春燕、甄建伟编写,课题组韩明江、黄宏林、鲁飞、朱艳辉、宋海涛、朱曦也参与了部分章节的编写工作,在此向他们的付出表示衷心的感谢。

本书所涉及的内容只是阶段性研究成果,还存在很多不完善的地方,同时受资料来源渠道的限制,加之笔者水平有限,书中难免有疏漏和谬误之处,恳请读者批评指教。

编著者
2022 年 8 月

目　录
CONTENTS

第 1 章
概　述

1.1　引　言

现代战争是信息化条件下的高技术局部战争，作战强度日益增大，作战转换更加频繁，作战物资和装备呈现高消耗、高需求的特点。弹药作为武器装备效能发挥的终端，是战场上消耗量最大的装备。"打仗没有弹药毫无办法"已成为普遍共识。能否及时、准确地将弹药供应到指定地点，将直接影响战争进程，甚至决定战争胜败。因此，世界各国，尤其是美国，非常重视弹药的保障问题。

早在 20 世纪初，美陆军就开始非常关注弹药的保障问题，从弹药的需求机理、弹药需求确定程序、弹药需求预测模型以及弹药保障策略等方面开展研究，并取得了丰富的研究成果，形成了一套行之有效的弹药保障模式与机制，经历了多次高技术战争的考验。

在弹药保障模式上，美陆军采用的是一种依托战区储存区、军储存区、弹药补给所和弹药转运站的保障体制，实施的是"总部—战区—军—师"四层级式供应保障模式。

在弹药储存配置上，美陆军战区储存区位于战区后勤地带，依托仓库进行弹药储备，一般位于公路、铁路等交通比较便利的地域，储备标准为 30 个补给日。军一级储存区一般有弹药支援连在军后方地域构建，储备标准为 7~10 个补给日。师一级一般采用弹药补给所进行补给。

在弹药保障手段方面，美陆军已经构建了基于信息化的弹药补给网络，拥有完备的"战略铁路走廊网络"，能将国内重要的国防设施、弹药生产厂、弹药储备库连接起来。依托完善的网络化运输路线，美陆军可以在最短的时间内将弹药运输到国内任何一个机场、港口和码头。同时，构建了信息支撑的弹药保障信息化保障体系，利用条形码、射频卡、光储卡、卫星跟踪等自动识别技术及装备，确保弹药保障过程中的可视化和可控性。

我国国内在弹药保障机制方面，既有联保部队管理的后方弹药仓库，也有军种管辖的旅属弹药仓库或队属弹药仓库。在管理体制上，采用的是"总部—军—旅"管理模式。在储备布局方面，近年来，根据国防和军队改革，部分部队进行了移防，一些弹药仓库根据部队需要和作战任务方向的调整，也进行了新建扩建。在保障手段方面，弹药信息化网络体系还没有完全建成，条形码、射频卡等自动识别技术还没有完全推广，自动化程度高的立体弹药仓库还比较少。因此，与美陆军相比，我军目前的弹药保障信息化水平还存在一定差距。

近年来，随着世界形势的变化，美陆军在先后经历阿富汗、伊拉克等战争后，对军队编成和保障力量也进行了一系列改革。弹药保障力量和保障机制都发生了很大的变化，结构多元化、编成模块化、功能集成化的弹药保障模式已经形成，网络化、信息化手段的运用更加频繁，弹药储供配置更加科学。

我军弹药保障工作经过几十年的发展，无论是保障理论还是保障手段建设方面都取得了显著的成绩，但与美军这样世界发达国家的军队相比，在保障思想、保障体制、保障管理等方面仍存在不小差距。

因此，急需对美陆军弹药保障机制和保障模式的最新变化加以分析，科学掌握美陆军弹药保障最新改革成果，为我军弹药保障机制和模式提供参考。

1.2 弹药的内涵

1982 年版的《苏联军事百科全书》对弹药给出定义：弹药是武器装备的组成部分，用于直接杀伤有生力量、摧毁技术装备、破坏建筑物（工事）以及完成特种任务（照明、发烟、抛撒宣传品）。1997 年版《中国军事百科全书——军事技术》对弹药给出定义：弹药一般指有壳体，含有火药、炸药或其他装填物，能对目标起毁伤作用或完成其他战术任务的军械物品。

由此可见，弹药既是一种武器装备，也是一种军械物资，具有装备和物资的双重属性。分析并掌握弹药不同属性的内涵，认识不同属性对弹药保障工作的需求，对做好弹药保障工作具有非常重要的意义。

1.2.1 弹药的装备属性

1. 具有燃爆特性的特殊装备

弹药是用于直接对敌目标实施打击和毁伤的武器装备，是武器效能发挥的终端。由此可知，弹药不仅是一种装备，而且是一种具有燃爆特性的特殊装备，这是与其他武器装备的显著区别。同时，只有在对目标作用过程中，使弹药的燃爆特性充分释放，其战斗力才会得到有效发挥。此外，在日常的勤务处理过程中，又要求弹药具有很好的安全性，燃爆特性完全受控，不能出现意外安全事故。为此，对弹药装备的研制、生产、储存、供应、检测等各个环节，都要严格按照武器装备的要求来组织实施，要特别注重弹药的安全性。

2. 技术密集的复杂装备

随着科学技术的发展，弹药装备的结构越来越复杂，由传统的"铁壳＋炸药"变成集目标探测与识别技术、信息交联技术、无线传输技术等各种高新技术于一体的复杂装备。同时从弹药自身装备属性来说，要想发挥其战斗力，涉及发射、飞行、控制、毁伤等多种作用原理。弹药装备的信息化程度和技术密集度不断增加，涉及的学科知识内涵不断拓展、交叉与融合，对其检测、维修、销毁等勤务保障的要求也越来越高。

3. 品种繁多的武器装备

根据作战任务、打击目标的不同，研制了不同品种的弹药装备。目前，列装部队的弹药数量达数百种，而且每年还在不断递增，这是其他任何武器装备都不能比拟的。针对这些品种繁多、原理复杂、不断更新的弹药装备，如何做好技术保障，确保其安全可靠，始终处于良好的战技状态，是当前所有弹药保障机构和人员需要解决的技术难题。

4. 一次使用的作战装备

弹药装备与其他武器装备不同，在其整个生命周期中，弹药很大部分时间处于仓库储存状态，超过储存期限的弹药需要直接进行销毁处理，被销毁处理的弹药无法真正发挥其作战效能。但是，弹药作为一种作战装备，一旦使用就意味着其生命周期的终结，其战斗力的体现就是一瞬间，整个作用过程不可重现，也不可逆。图 1-1 为美军检查弹药。

图 1-1　美军检查弹药

1.2.2　弹药的物资属性

从弹药的物资属性来看，如果不考虑其自身的特殊性，弹药和其他的油料、给养等物资一样，就是一种消耗性物资，其具有如下物资属性。

1. 战时消耗巨大的军用物资

弹药作为一种军用物资，战时的消耗惊人，对弹药保障提出了非常严峻的挑战。据统计，仅伊拉克战争期间，美军向海湾地区运送的弹药就高达 36.78 万 t。弹药是关系到战争能否持续的关键。对于军队来说，如果没有给养，战争可能持续 2~3 天，如果没有弹药，战争连半天都进行不下去。所以，弹药物资的保障是所有战略物资保障的重中之重。

2. 影响战争胜负的战略物资

弹药作为一种重要战略物资，对战争的胜负具有重要的影响。能否根据战争进程、作战任务、打击目标的不同，科学制定弹药保障方案，并持续、稳定、及时地为战争前线提供数量充足、组配合理、性能稳定的弹药，将直接影响战争的进程，甚至决定战争的胜败。图 1-2 为美军弹药保障仓库，图 1-3 为美军在战场上搬运弹药。

图1-2 美军弹药保障仓库

图1-3 美军在战场上搬运弹药

1.3　弹药保障内涵

狭义的弹药保障是指军队组织实施弹药供应所采取的措施，它是军械保障的重要组成部分，目的是以质量良好的弹药及时、准确地保障部队作战和训练的需要。广义的弹药保障是弹药的储存、运输、供应、检测、维修、销毁等各环节的总称。

弹药保障是随着火器在战争中的应用逐步形成和发展的。10 世纪，中国将火药应用于军事。为生产和供应军队作战所需的火药、火球、药管、雷和弹丸等，宋代中央机构和地方政府的军器监和军器作坊增设了火药作坊等制造弹药的部门，武库中增添了弹药储备，形成了弹药保障的雏形。随着火药和火器制造技术传入西方，15 世纪欧洲一些国家也建立了火炮作坊和炮厂等制造和供应弹药的机构。但是一直到 17 世纪，由于冷兵器使用较多，枪炮的发射速度慢，弹药消耗量少，军队作战所需弹药主要依靠地方政府和商人供应。18 世纪以后，产业革命促进了火器的迅速发展，后装螺旋线膛武器和自动连发武器相继出现，火器也已成为欧洲和美洲一些国家军队的主要装备。这些都增大了弹药的消耗量，弹药保障任务显著加重，单靠军队携运的弹药已不能满足作战需要。因此一些国家的军队建立了专门组织供应弹药的机构，如在战区内设立弹药仓库，在军队中编制有弹药排，负责部队的弹药保障。20 世纪以来，随着武器性能的进一步提高，弹药消耗量剧增，许多国家的军队不断完善弹药保障体系，建立了由后方弹药储备基地、弹药补给库和部队移动弹药库构成的弹药补给网，对作战部队实施持续的弹药供应。

中国人民解放军在革命战争时期所需弹药主要取之于敌（见图 1-4）。各级军械保障机构对缴获的弹药进行登记统计，组织维修和储存，统一计划和调配，保证了缴获弹药的充分利用。同时，各个根据地也建立了设备简陋的弹药厂或军械厂（所），制造和翻修了部分枪弹、手榴弹、迫击炮弹、地雷和炸药等供应部队。中华人民共和国成立以后，中国人民解放军所需弹药主要依靠后方供应，开始建设正规化的后方弹药仓库，颁发了全军统一的弹药基数和部队弹药配备标准。经过 70 多年的建设，我国目前已经形成较完备的弹药供应体制，更加完善了弹药保障机构，健全了弹药供应制度，改进了弹药供应方法，加强了弹药的技术管理。

图 1-4　我军在革命战争时期缴获的弹药

弹药储供是弹药保障的重要内容之一。弹药储供的内容主要包括计划、筹措、储备、补给、运输和管理。弹药储供计划通常分为订购（采购）计划、储备计划和补给计划等。订购（采购）计划是军方向国防工业部门或厂商筹措弹药的方案；储备计划是军械部门规划和储存弹药的基本依据；补给计划包括部队弹药申请计划和上级调拨计划，是实施弹药补充的主要文书。制定计划一般依据部队担负的作战和训练任务、国家经济实力、弹药供应标准和消耗标准等。中国人民解放军的弹药保障计划，由司令部门和装备技术部门编制，经军事指挥员批准后，各级军械部门组织实施。弹药筹措主要是订购和采购。各国由于经济发展水平和社会制度不同，所采用的筹措方式也不同。俄罗斯等国是由军械部门向国防工业部门订购，并派出驻工厂军事代表检验和验收。美国、日本和德国等国家的军队主要是向国内外厂商采购，弹药储备通常根据作战方针、作战任务、兵力、兵器作战持续时间和后方供应的难易程度等因素组织弹药储备。中国人民解放军按照梯次配置和保障重点的原则，将弹药分别储存于各级后方基地和部队仓库。要求储备布局必须适应作战部署，储备数量经济合理，储备品种适应消耗规律。做到主要弹药多储，一般弹药少储；难筹措的多储，易筹措的少储；消耗量大的多储，消耗量小的少储。对储备的弹药不得随意使用，保管中及时轮换更新。中国人民解放军弹药补给和运输通常采取上级计划补给与下级申请相结合、逐级前送与下级自领相结合的补给方式。必要时，还可采用越级补给、调剂补给、伴随补给、拦路补给和强行补给等方式。弹药运输由军械部门提出申请计划，运输部门具体实施。军械部门要手续完备，认真核对弹药品种和数量，按规定组织装载，明确送达地点、时间和注意事项，派出押运人员，做好运输中的防护工作。中国人民解放军弹药管理主要包括：根据弹药性能制定和落实各项管理制度和标准，实行分类堆积和配套存放；改善保管条件，定期进行技术检查、化验和试验，及时组织维护检测和修理，指导部队正确使用，搞好收缴弹药的分类、检查和鉴定，妥善处理危险弹药和废旧弹药，战时要搞好野战阵地的弹药管理等，确保弹药的安全和质量良好。

针对现代战争弹药消耗和补给特点，应着重研究现代战争的弹药消耗规律，科学论证弹药储备数量，加强对弹药的质量监控，掌握质量变化规律，预测储存寿命，研究快速监测设备，改善弹药保障体制，建立高效的弹药补给自动化管理系统，发展弹药的集装化运输，装备新型的弹药补给车辆，提高弹药的快速保障能力。

1.4 弹药双重属性对弹药保障带来的影响

从弹药内涵和弹药保障工作的内涵可知，弹药的物资和装备双重属性决定了其保障的本质特征应该各不相同。

1.4.1 弹药保障重点不尽相同

弹药作为一种装备，其保障的重点是使其处于良好的战技状态，使其战斗力得到充分发挥，具体包括对弹药及其元件进行性能检测、维护保养等（见图1-5）；对于报废弹药，还要进行销毁处理或再生利用。对于弹药物资来说，其保障的重点和其他军用物资相同，主要包括弹药物资的储存、运输和供应，即根据作战需要，按要求将弹药配送到指定的地点。两类保障过程共同构成弹药的全寿命保障，形成互补。

图 1-5 美军在对弹药进行保养

1.4.2 弹药保障注重技术融合

不论是弹药的装备属性,还是弹药的物资属性,其保障过程都离不开信息技术支撑。对于技术复杂密集的弹药装备来说,其保障过程中要时刻掌握弹药的质量信息,需要引入基于MEMS 技术的健康监测、一站式体检等新技术,构建弹药撞瘪的质量控制体系。对于弹药物资保障来说,要充分利用射频技术、条码技术、物联网技术、军事物流技术、北斗导航定位技术等,构建信息主导的弹药物资储运和配送体系,对弹药物资的储运过程进行全程监控、全资可视,确保弹药物资保障的精确及时(见图 1-6)。

图 1-6 弹药科技化信息化管理构想

1.5 美军弹药保障基本要求

美军弹药保障基本要求是:

(1)应能正确把握战场作战意图变化,该变化可能由作战指挥员因战场作战条件改变或其他因素引起;

（2）弹药向前保障，弹药部队弹药保障任务必须以弹药向前推进到旅保障地域为基本完成目标；

（3）以满足作战部队需求为目标，依靠陆军部队和东道国扩充部队等多方来源提供弹药保障；

（4）弹药保障必须依据作战指挥以适应战场需求的变化。指挥员首先必须精通业务，具有极高的业务水平，再配合卓越的领导素养，才能完成重要的弹药补给任务。

1.6 美军弹药保障原则

不仅在现代战争中，在未来战场上弹药保障也会显现出越来越重要的作用，因此弹药保障部队能否将弹药及时、准确地送达作战部队的需求区域，势必在一定程度上决定了战斗走向、战役胜负甚至战争的最后结局。虽然美军以海外作战居多，但为了实现战略、战役和战术弹药保障的无缝衔接，其依靠现有的成熟完善的弹药保障系统，依据正确的弹药保障总体原则和弹药部队具体保障原则，能够顺利、高效、精准地完成弹药由本土到战区、由战区到部队的全过程物流。

1.6.1 美军弹药保障总体原则

美军弹药保障是以作战部队的终端需求为出发点，在对作战部队弹药需求准确预测的基础上，不断利用相关技术手段修正保障计划，及时调整调配保障资源，选择合适的时间和地点，主动将弹药快速直接地送达一线部队需求区域。其总体原则为目标明确、主动配送、实时高效、充满活力、适时适地适量等（见图1-7）。

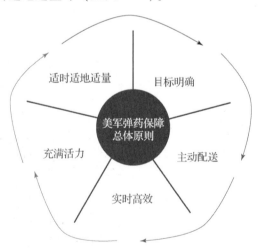

图1-7 美军弹药保障总体原则

1. 目标明确

在美军弹药保障系统中，借鉴并引入了许多现代民用公司企业中普遍具有的价值链思想，强调在整个商业进程中始终聚焦于客户本身，要求价值链当中的所有个体及其进行的种种动态过程，都要确保客户拥有最大的满意度和投资回报。而美军将价值链思想赋予"始终着眼于终端用户的高效配送管理"的新意，从弹药的生产商、管理者到直接保障的技术人员，把服务于作战部队终端需求这一客户的思想贯穿于整个弹药保障过程中。

2. 主动配送

主动配送是美军弹药保障的另一总体原则。依靠先进的诊断技术和预测系统，主动判断出作战部队的需求；利用信息化技术和装备，梳理明确可供保障的资源所在；借助发达的配送网络，将作战单位所需的弹药和服务直接送达。无须被动储存，通过物流配送的"线"主动编制成"网"，取代孤立的"点"仓储，以物流速度置换库存数量，从而大大提高战时弹药保障能力。美军在伊拉克战争中就运用这种主动式的配送系统向一线部队提供保障，与第一次海湾战争中的被动储备式相比，海运量、空运量和战役储备量都削减了四分之三以上。

3. 实时高效

美军弹药保障系统强调要借助于全资产可视性系统，利用电子计算机网络系统、全球运输信息跟踪系统（见图 1-8）、货运激光卡、无线电频率标签、无线电频率标签查询器和条形码技术等，实现全球配送供应链中的弹药位置、运输状况及类别等信息的完全可视化，以自动跟踪实时显示的动态数据反映整个补给系统中弹药的品种、数量、位置、承运工具和单位等，使弹药管理人员能够快速准确地获取相关信息，对保障活动全景一目了然。美军在伊拉克战争中，从提出弹药申请到补给到位，最短只需 1 h，充分展现了它实时、高效的巨大优势。

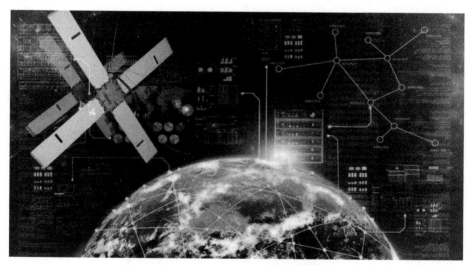

图 1-8　全球信息跟踪系统构想

4. 充满活力

美军弹药保障强调后勤系统反应敏捷、充满活力。保障管理人员在对作战需求做出预期预判的基础上，同样可以随时对已在运输链中的弹药资源进行重新分配或改变其路线，从而可以轻松应对各种战场作战需求变化，增强前线指挥人员对战场上各种不可预料情况的应变反应能力。

5. 适时适地适量

适时适地适量原则就是充分运用可视化弹药供应管理系统和以其他电子信息技术为核心的高科技手段，详细而准确地筹划、建设和运用弹药保障力量，在准确的时间、准确的地点为作战部队提供数量准确的弹药保障，使弹药保障适时适地适量，尽可能达到精确的程度，最大限度地节约保障资源。

1.6.2 美军弹药部队保障原则

无论在战区后方面对何种威胁，弹药部队必须能够对保障所有目标、武器装备和不同作战样式保持连续性；达到主动、灵活、纵深和同步的要求。弹药部队在保障部队作战时必须遵循以下五项基本原则，见图1–9。

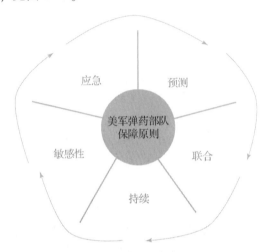

图1–9 美军弹药部队保障原则

1. 预测

弹药保障部队指挥员在面临变化多端、趋向恶劣的保障环境，必须预测出作战部队的新需求，并制定新的保障计划与方法以保障作战部队的需求。拟订弹药保障计划的相关人员必须根据未来作战计划，预测弹药需求，还应保持足够的机动灵活性，以适应可能发生的战役和战术的突发偶然变化。能否预测成功的直接因素是对由战役和战术变化引起的弹药保障需求变化的反应能力。

2. 联合

弹药保障部队指挥员必须将保障计划与战役、战术计划和作战指挥员的作战计划联合在一起。像作战计划一样，弹药保障计划应体现一定的创新性，大胆且极具智慧。弹药保障计划也应与欺骗计划结合起来，在战场上产生令人惊奇的效果。

3. 持续

作战过程中，战场前线的作战部队应能够迅速且不间断地得到弹药补给，以保持强大的战斗力。无论战斗的激烈程度在作战过程中如何变化，保障都不能间断，战斗不激烈时，弹药部队必须重新计算和保障部队的战斗携运行量。这些持续性的保障措施可使作战部队在战场中保持相对主动。

4. 敏感性

弹药保障部队必须能对作战部队实时需求做出敏感反应，指挥员必须通过创新计划和平时训练以适应作战部队因战场极大变化而产生的需求。他们必须随时准备改变弹药保障地点和弹药保障渠道，做出准确判断和最优计划。弹药保障计划必须有足够的机动性，以便在遇到突发危机状况时迅速做出反应或为部队创造新的战术良机。

5. 应急

在实际战斗中，往往会出现无法预料的偶然性事件，应急措施和严谨预案是解决偶然问题的必要手段。当正常的保障补给程序遭到破坏时，需要非常规的应急补给程序和特殊转运手段以保障作战的正常持续进行。但应急处置不是建立在盲目的安排操作之上，而是基于平时训练的有效经验、严谨预案的周密部署和对突发情况战场资源的有效整合。

1.7　美军装备保障特点分析

美军装备保障特点见图 1-10。

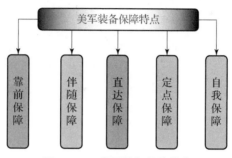

图 1-10　美军装备保障特点

1.7.1　靠前保障

现代战场的性质要求尽可能快地把损坏的武器装备修理好，同时力求在其发生故障或受到损坏的地点及其附近修复，以便能够继续投入战场保持战斗火力。为实施战场靠前保障，美军对维修保障活动分级处置，并对每一级内维修机构规定具体的维修保障任务。美军规定，营、连现场维修通常要求在 2 h 内完成装备的修理任务；要求营保养收集站在 6 h 内完成装备修复任务；在师支援地域内的师直接支援维修单位须在 35 h 内完成装备的修理修复；在师支援地域内的军、师全般支援维修单位主要针对 100 h 之内可修复的装备进行修理；除以上规定之外，对不能在前方地域修复或修复时间过长的武器装备，美军采用迅速收集后送上级维修单位修理的制度方案，以便真正实现战场的靠前保障。美军的分级维修制度，有效地提高了部队的维修能力和修理效率，保障前线使用分队能够在最短的时间内使用最大数量的装备，确保了靠前保障的实施。图 1-11 为美军保障部队维修装备。

1.7.2　伴随保障

伴随保障就是随时随地向作战部队提供后勤保障，使作战力量与保障力量紧密融合，最大限度地发挥两者的力量，形成"1+1 大于 2"的战斗威力。例如在伊拉克战争中，美陆军机步师的师属保障营通常时刻伴随在进攻部队之后，第一时间补给一线进攻部队包括弹药、食品在内的各种军需物资消耗；同时其战斗支援航空营，为该师的各种直升机提供包括电子通信系统、导航系统、火力系统等在内的保养、维修及装备和人员的撤离。美军通过最大限度地节约后勤资源，改变了传统意义上的伴随保障形式，凭借强大多维、机动灵活的保

图 1 – 11　美军保障部队维修装备

障力量确保作战部队推进到哪里，后勤保障就进行到哪里，实现了具有"精确保障"特点的功能型伴随保障。图 1 – 12 为美军在伊拉克战争中的后勤保障。

图 1 – 12　美军在伊拉克战争中的后勤保障

1.7.3　直达保障

"全球资产可视系统"将自动识别技术、全球运输网络、联合资源信息库和决策支持系统等多项科技手段融合在一起，使得联合部队指挥官可以连续实时地掌握全部后勤资源的动态变化情况，全程跟踪"人员流"和"装备流"动向，同时具有实时指挥控制权力，实现在资源流动过程中的接收、分发和调换，从而大大提高了装备保障效率。例如在伊拉克战争中，美军使用了"全球定位系统"（Global Positioning System），通过计算机建立重要的后勤装备数据库，为战略、战役、战术各层级的军事行动人员和后勤保障人员提供急需的紧缺资源可视化信息。当前方作战部队有任何的保障需求时，只需拨几个电话号码或者"刷"一下存储卡，后方保障部门即可超越战区、集团军后勤等多个中间环节，直接向前保障到师、团一级的后勤，甚至可以送到单兵手中，充分体现了直达保障的快捷、高效、灵活的处理方式。

1.7.4 定点保障

战区配送定点保障是指在战区内接收补给品和装备，并随之将其前运到特定需求点的行动。美军利用高技术手段并在战争中结合商业运作方法，实时掌握保障的总体情况，在前方快捷急速地建立临时供应补给点，并抓住时机为作战部队和前方保障分队进行迅速补给。定点保障要求充分利用时间，把握时机，选准地点，即尽量在敌火力攻击范围之外，或者在敌火力打击的间隙期间，这样才能够确保定点保障不受威胁地安全进行。

1.7.5 自我保障

美军的"全球作战保障系统"使得作战与保障、前方与后方、战区与本土之间所有经美军核准的"用户"能够信息融合共享，真正做到"有求必应"。例如在伊拉克战争中，参与地面进攻的美军坦克均配备了数字化诊断、修理与预测的电子"工具箱"，用电子版技术手册代替纸质的使用说明，如果武器装备出现故障，驾驶员或操作员通过点一点鼠标就可以按照新的电子版技术手册上的操作流程完成简单抢修；如果遇到较为复杂难懂难处理的故障问题，则可以借助先进的数字化网络通信系统，向在战场后方甚至国内的装备技术专家请求援助，通过及时有效的信息沟通和远程指导提高了军队自我保障能力。

第 2 章
美军弹药保障力量

弹药作为一切武器效能发挥的终端，是战争中最重要的装备之一。弹药保障力量是装备保障力量的一种，对战争进程的顺利推进具有非常重要的作用。在分析美军弹药保障力量之前，首先分析装备保障的特点对装备保障力量的需求，并介绍美陆军弹药管理的领导机制，最后分析其弹药保障力量。

2.1　保障力量基本特点

2.1.1　精确配置

信息化战争，是指在信息时代条件下，交战双方以信息化军队为主要作战力量，以信息化武器装备为主要作战工具，以信息化作战为主导，以夺取制空、制海和制信息权为作战重心的多军兵种一体化战争。作战的整体性需求突出了体系对抗的特点，使得作战兵力的构成多样复杂。武器装备日趋系统化、大型化、多样化、复杂化，如自行火炮、弹炮综合防空系统等，需要多种专业技术保障力量进行保障，保障对象明显增多。图 2 - 1 为美方将"铠甲 - S1"弹炮合一防空系统秘密运往北约基地。在此背景条件下，平时按照作战部署及可能保障需求，精确配置装备保障力量，以便快速响应保障需求；战时编成内及友邻保障力量针对所处区域及附近的保障需求，特别是应急保障任务，不断调整装备保障力量配置，以便进行精确保障。

图 2 - 1　美方将"铠甲 - S1"弹炮合一防空系统秘密运往北约基地

2.1.2　动态配置

信息化战争中各种高新技术在武器装备中的广泛应用，导致了保障分工不断细化，专业属性多元。根据战时力量编成配置原则，保障力量分散在整个战场空间。由于现代作战强度大、机动性要求高，作战平台的发展使得战场空间不断拓展。随着作战协同范围的明显增大，保障空间相应扩展，保障力量配置也随着作战态势的发展不断发生变化，使得其配置始终处于动态变化之中。装备保障主体的多元，加之空间分布的动态分散，造成集中统一指挥控制下的装备保障方式难以应对多变的保障需求，这就需要战场各区域的保障力量根据态势变化，实时调整配置，形成配置的动态化灵敏化，主动实施保障。

2.1.3　体系配置

信息化战争中，由于作战对象、作战样式以及作战地域等的快速切换，使装备保障活动的保障环境不断变化，保障需求持续动态变化。具体的保障任务变化频繁、急剧且不确定，又使得作战单位的装备保障需求呈现多样化和不确定的特点。装备保障需求的不确定性使得装备保障系统指挥及转换关系变得复杂；加之随着装备复杂程度的增加，保障系统构成及影响因素增多，各要素之间或各子系统之间存在多种多样的非线性关联形式，各要素之间及不同层次的要素之间相互关联、相互制约，使装备保障系统的内部环境变得更加复杂。为应对装备保障的不确定性和复杂性，对装备保障力量进行合理配置，形成具有良好战场复杂环境适应能力和生存能力的配置体系，提高装备保障复杂适应性就显得尤为必要。

2.1.4　应急配置

信息化战争条件下，各种作战样式相互交织，攻防态势快速转换，保障的时效性要求更高；信息的快速交流，使得系统重构的速度加快，作战行动之间关联性增强，装备保障行动必须紧跟作战行动需求；战场中战机稍纵即逝，装备保障的时效性对作战的影响越来越大。因此，在作战行动快节奏的背景下，为满足保障计划外突然出现的紧急保障需求，必须使装备保障力量具备"应急"能力，以不断提高装备保障的时效性和抵抗突发紧急状况的能力。图 2 - 2 为美军信息化作战。

图 2 - 2　美军信息化作战

2.2 装备保障力量现状

当今世界，战争形态正由机械化战争向信息化战争转变，作战环境日益复杂。美国作为世界军事强国，其实施后装一体的保障体制。为应对信息化战争的复杂性，实现对信息化条件下作战的有效保障，美军积极推进军事变革，谋求保障力量更佳的复杂适应性和保障效益。美军在装备保障力量配置方面的实践与探索包含于其后勤改革与战争实践之中。

2.2.1 平时做法

在平时，美军重视从战略层面出发，充分利用各种手段做好力量配置规划与管理，为确保保障力量充足与配置高效提供有力保证。

1. 力量配置规划注重战略引导

为适应全球战略调整，美军实施由重在关闭到重在调整的"一体化全球存在与基地配置战略"，优化全球力量配置，在 2005 年启动的基地调整与关闭计划中，完全关闭的设施明显减少，而更多强调调整改造成军种共用的联合基地。2009 年，美国国防部原部长盖茨发表文章阐述"均衡"发展战略，美军从超前发展到减速慢行以满足战争急需，引导经费与物资转化方向，并体现于 2010 财年国防预算中。美军"国家库存管理战略"施行由分散存储到国家库存管理与全球储备配置的政策，将国防部的批发级与各军种零售级消耗品库存统一管理，整体优化库存物资；通过重塑储备配置的"轮毂与辐条式格局"，在保持部队战备能力的前提下，用最小代价精确配置储备。

2. 力量配置注重系统和效能

20 世纪 70 年代开始，美军逐步实施全寿命周期管理，全面规划武器装备在投入使用后所需的保障力量、保障系统以及保障费用等，使武器装备在满足作战需要的同时大幅降低保障费用。海湾战争后，美军借鉴商业供应链管理思想和方法，将物资存储、配送、补给等过程作为保障链（网络）。2001 年克罗纳会议公布后，美军开始将商业供应链管理理念运用于后勤，以提高供应链管理和"端到端"的保障能力。《2008 年采购、技术与后勤战略目标执行计划》明确要求应积极采用精益六西格玛管理方法（见图 2-3），使作业过程标准化、可视化、合理化。

图 2-3 精益六西格玛管理方法

3. 信息手段推动效益倍增

2012 年，美军在顶层设计部署上经过综合集成，形成以"全球作战保障系统"为联合保障体系核心的各军种能够交互操作的信息化保障环境，实现保障信息有序流动和高效利用。在财务管理方面，国防财会局建立了以各军种部单一会计数据信息管理系统支撑的综合财务信息数据库和管理系统，查询财务信息和与财务活动相关的力量信息。在保障设施方面，国防部建立了军事设施价值数据库，其中包括各军种和国防部本级所属不动产的价值、物理规模、地理位置等数据。在采购领域将国防采购管理信息检索系统与采购、保障管理信息数据系统链接起来，实现国防部部长办公室、联合参谋部和三军的数据共享。这些都大大增强了美军对保障力量的控制，提高了配置效益。

4. 优化配置程序以确保实效

美军拥有美国国会颁布的《国防授权法》、总统颁布的《联邦采购条例》等法律，及国防部颁发的 7045.14 号《规划、计划与预算》等指令，使力量配置有法可依。美军 2005 财年正式以 PPBES 取代自 1965 年以来执行的 PPBS。PPBS 建立了 1 套时限严格的工作程序，按照规划、计划和预算的性质和内容管理工作，将全过程分为若干阶段。在每一阶段不仅对工作内容、分析研究、文件编制、审批程序等有明确要求，且以文件的形式明确规定了某一阶段开始和结束的时限和具体标志，进而明确了各阶段、各部门的工作要求、范围、进度、文件传递方向，并以法规的形式固定下来。PPBES 在 PPBS 的基础上将 1 年的预算周期调整为 2 年，计划与预算工作由先后实施改为同步实施，从而增强了力量配置工作的动态适应能力、简化预算编制程序；将执行过程纳入力量配置的管理范畴，从而加强了力量配置规划效果的反馈能力，更有效地管理力量配置全过程，滚动提高力量配置效益。

2.2.2　战时主要做法

美军平时对保障力量的建设与管理，为保持与提高保障效益提供了可靠保证。在此基础上，美军战时装备保障通过战场预先配置、伴随保障等手段，不断追求战时保障高效益（见图 2-4）。

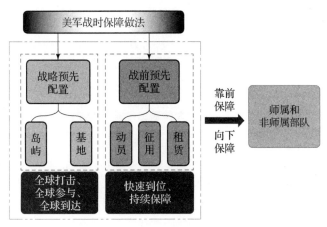

图 2-4　美军战时保障做法

战场预先配置是达成战争突然性、时效性和经济性的一项重要措施，主要包括战略预先配置与战前预先配置。在战略预先配置方面，美军依托岛屿、基地大量预先配置武器弹药以实现其全球打击、全球参与、全球到达的战略目的。目前，美军在海外大约预先配置了 2 个陆军师、4 个远征旅的装备物资，在地中海和印度洋地区还有 12 艘海上机动预储船。以战略预先配置为基础，美军通过动员、征用、租赁等方式利用商业船只运输战争物资、人员等，使作战力量与保障力量快速到位，为作战提供持续保障。

在作战行动中，美军非常强调伴随保障的作用，其支援保障力量尽量靠近作战前沿配置。在伊拉克战争中，美军的支援保障指挥机构一般都设在前线，以缩短在师地域内协调和提供保障的距离，并将战勤支援辐射到师属和非师属部队，在战役层次甚至战略层次贯彻"靠前、向下保障"的原则。美第 3 机步师之所以能以较快的速度向巴格达推进，其中一个重要原因就是其强大的伴随保障能力。

2.3 美军弹药工作领导体制

弹药管理是一个复杂的管理体系，涉及陆军作战、情报、采办、后勤等职能。美军弹药工作领导体制见图 2 – 5。

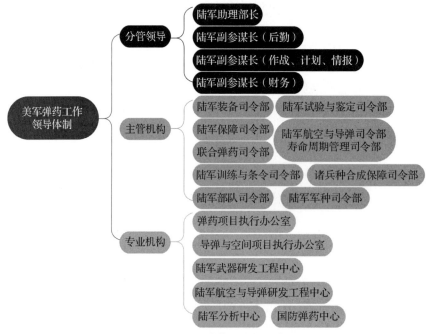

图 2 – 5 美军弹药工作领导体制

2.3.1 分管领导

美陆军弹药管理体系中分管领导主要包括负责采办、后勤与技术的陆军助理部长，负责后勤的陆军副参谋长，负责作战、计划、情报的陆军副参谋长，负责财务的陆军副参谋长等，不同的岗位有不同的职责分工。

1. 负责采办、后勤与技术的陆军助理部长的职责

（1）负责与弹药安全援助、军备合作和弹药出口管制计划有关的事项和政策，制定参谋职责，并对其进行监督。

（2）根据陆军部长授权和陆军条例 AR 70 – 41 的规定，作为主要官员负责与陆军事务和政策相关的以下事项，包括弹药采办、后勤、技术，其他采办、工业基地、安全援助和军备合作。

2. 负责后勤的陆军副参谋长的职责

（1）为陆军参谋部（Army Staff，ARSTAF）制定常规弹药、导弹和有毒化学品储存的政策、计划和资源配置，并对其进行监督和监视，负责相关非军事化、库存管理、爆炸物安全、环境合规性等工作。

（2）对陆军弹药库存进行管理和分配。

（3）对新型导弹、弹药和弹药信息管理系统进行监督。

（4）为陆军弹药管理项目提供资金的项目目标备忘录（Program Objective Memorandum，POM）做好准备，其中包括研究、开发、采办、配发、储存、维护和非军事化。

3. 负责作战、计划、情报的陆军副参谋长的职责

（1）确定和核实弹药需求，设置优先级，并同步策略。

（2）评估全球战备状况，对投资战略的制定予以支持，实施弹药风险分析，并整合陆军弹药管理。

（3）与参谋部、作战司令部（Combatant Command，COCOM）、陆军军种司令部（Army Service Component Command，ASCC）和陆军卓越中心（Centers of Excellence，COE）协调弹药事项。

（4）作为陆军参谋部协调中心，对全陆军范围内的弹药管理进行整合。

4. 负责财务的陆军副参谋长的职责

（1）担任负责财务管理与审计的陆军助理部长［Assistant Secretary of the Army，Financial Management and Comptroller，ASA（FM&C）］的主要军事顾问，负责项目开发和论证。

（2）与负责采办、后勤与技术的陆军助理部长一起，对于正在进行的采办项目进行协调。

（3）担任陆军参谋长的陆军参谋部主要顾问，负责陆军和联合装备能力的所有装备需求、整合和规划。

2.3.2　主管机构

主管机构主要包括陆军装备司令部、陆军保障司令部、联合弹药司令部、陆军训练与条令司令部、陆军试验与鉴定司令部、陆军航空与导弹司令部寿命周期管理司令部、诸兵种合成保障司令部、陆军部队司令部、陆军军种司令部。

1. 陆军装备司令部的职责

（1）其办公室负责制定并传达全球战备的后勤解决方案，以便随时随地对联合地面作战实施保障。

（2）其副部长负责对陆军装备司令部（Army Materiel Command，AMC）、陆军野战保障旅和战略性工业基地进行监管，包括弹药基地、弹药中心、军火库和陆军弹药厂（Army Ammunition Plant，AAP）。

（3）其副部长担任国防部（Department of Defense，DOD）常规弹药、爆炸物安全，以及后勤战备中心（Logistics Readiness Center，LRC）的执行主任。

2. 陆军保障司令部的职责

（1）作为陆军装备司令部对美国本土（Continental United States，CONUS）（包括夏威夷和阿拉斯加在内）的指定弹药补给点（Ammunition Supply Point，ASP）进行管理的领导机构，为基层保障部队和作战部队的采办、后勤和技术同步提供支持。

（2）管理陆军预置库存（Army Pre-positioned Stock，APS）和后勤援助项目，并监督陆军的盟国战备储备库存（War Reserve Stocks for Allies，WRSA）和盟国项目的野战库存。

（3）为弹药、供应和维修职能、运输、食品服务、集中发布设施和个人化学防护设备管理项目，提供设施级的后勤战备中心。

（4）通过后勤战备中心弹药补给点，提供设施级的弹药、供应和维护支持。

（5）对陆军条例 AR 702-12 中区域保障要求所设置的弹药监督质量保证专家（Quality Assurance Specialist，Ammunition Surveillance，QASAS）进行管理和监督。

（6）对第 5 类物资内部和外部标准作业程序（Standard Operating Procedure，SOP）、保障协议、谅解备忘录或协议，以及所有陆军保障司令部负责管理的弹药补给点的设施军种保障协议进行评估。

3. 联合弹药司令部的职责

（1）该司令部是常规弹药在外活动机构的单一管理机构（Single Manager for Conventional Ammunition，SMCA），负责弹药后勤（储存、分配和非军事化）、保障、战备和采办支持，并作为常规弹药批发和基层级别的寿命周期管理司令部（Life Cycle Management Command，LCMC）发挥作用。

（2）管理和执行在外活动机构的任务，进行常规弹药的生产、供应、分配、退役、储存、维护和非军事化。

（3）为项目执行官（Program Executive Officer，PEO）、弹药产品经理（Product Manager，PM）、其他军种、商业生产商和产品经理的采办活动提供支持。

4. 陆军训练与条令司令部的职责

（1）对陆军现役官兵、陆军部文职人员和领导者进行培养、教育和训练。

（2）为部队训练和设计、建设，以及多种职能/编队/装备的集成提供保障，以增强陆军的能力。

（3）对训练与条令司令部士官学校、西点军校、预备役部队和陆军国民警卫队（Army National Guard，ARNG），以及其他机构所需的训练弹药，进行授权和管理。

（4）对训练与条令司令部开展训练所需的弹药资源进行管理，并对现役人员、军事领导人和国防部文职人员开展入职训练、职能训练和专业军事训练所需的任务进行管理。

5. 陆军试验与鉴定司令部的职责

（1）计划、整合和执行以下内容：基础试验、研制试验（Developmental Test，DT）、实弹试验与鉴定（Tests and Evaluation，T&E）、独立作战试验（Operational Test，OT），以及独立评价与鉴定；为装备采办和部署决策者和指挥官提供必要的信息。

（2）对职业安全与健康计划进行全面管理，包括弹药和爆炸物安全、工业安全、机动车辆安全、航空安全、化学剂安全、生物防护安全和辐射防护。

6. 陆军航空与导弹司令部寿命周期管理司令部的职责

（1）为陆军所有指定导弹和航空武器的系统和子系统，以及导弹和大型火箭（Guided Missiles and Large Rocket，GMLR）的相关设备，进行采办执行和管理。

（2）对后勤装备战备管理进行整合，为所有指定导弹和航空武器的系统、子系统以及相关设备提供先进研发和维护。

（3）为指定导弹系统的部件提供处置指示。

7. 诸兵种合成保障司令部的职责

（1）对保障部队射击训练标准，以及训练委员会（Standards in Training Commission，STRAC）训练弹药需求标准的制定和维护进行领导。

（2）为承担弹药、军用爆炸物处理（Explosive Ordnance Disposal，EOD）、发放和其他保障职能的机构，制定编制结构和部队结构要求。

（3）对军用弹药部队结构设计和兵力结构需求进行领导。

（4）担任弹药保障规划数据的陆军领导机构，为陆军保障规划要素、弹药消耗率和工作量数据，负责参谋人员管理。

（5）确保自动化弹药保障解决方案、能力差距能够被发现、记录，由问题提出机构正确处理，并进行正确的配置。

（6）发现并记录装备运用中的需求，解决或减轻陆军装备从立项到部署的保障能力差距。

（7）担任弹药自动试验设备、校准和修理设备、嵌入式诊断设备、预测设备、试验/测量/诊断设备（Test/Measurement/Diagnostic Equipment，TMDE）、工具、装置、成套工具、装备、容器和装备处理设备的能力研发机构和用户代表。

（8）根据批准的基于能力评估（Capability-Based Assessment，CBA）的保障能力差距，制定和记录陆上装备和陆上机动装备的解决方案。

（9）在所有陆军和联合装备系统研发项目中，对规划、开发、集成、评估以及企业综合后勤战略进行领导。

（10）管理陆军现役人员的驻地培训，使其在技术和战术上均能熟练地掌握弹药的使用。

8. 陆军部队司令部的职责

（1）对士兵、国防部文职人员和领导人进行训练、动员、部署和保障。

（2）对部队训练需求进行审查和评估。

（3）对常规弹药和导弹的需求进行监控，以支持部队的现代化。

（4）为各单位制定和发放年度训练弹药，以支持整个陆军的训练。

9. 陆军军种司令部的职责

（1）在职责范围内，制定弹药前送和后送的计划和政策。

（2）对弹药补给机构在作战地域内的弹药储存目标进行审查和验证，以确保拥有足够的库存。

（3）对跨军种采办协议（Acquisition and Cross-Servicing Agreements，ACSA）以及用于保障对外军售的弹药库存需求，进行审查和验证。

（4）建立并管理受控供应率的要求。

2.3.3 专业机构

专业机构主要包括弹药项目执行办公室、导弹与空间项目执行办公室、陆军武器研发工程中心、陆军航空与导弹研发工程中心、陆军分析中心和国防弹药中心。

1. 弹药项目执行办公室的职责

（1）研发、装备和保障致命性武器装备和防护系统。

（2）在国防部部长的指导下，按照陆军部总部（Headquarters，Department of the Army，HQDA）的指示，对需要采办美国国防部所提供常规弹药的行动，提供有效和高效的支援，并根据国防部指示 DODI 5160.68，对美军的后勤职能进行整合。

（3）对作战弹药系统、近距离作战系统、机动弹药系统、牵引式火炮系统的产品经理以及联合军种项目总监（Project Directors of Joint Services）进行监督，同时对联合产品进行监管。

（4）该办公室是常规弹药单一管理机构的执行机构。

2. 导弹与空间项目执行办公室的职责

（1）履行陆军指定导弹项目集中管理机构的职责。

（2）担任导弹和空间作战局的官方责任管理机构，是负责采办、后勤与技术的陆军部助理部下辖的在外活动机构。

（3）为指定导弹系统和项目的研发、采办、试验、产品改进、部署、保障和非军事化，提供总体指导。

（4）直接指挥指定任务领域内的项目和产品经理，并根据陆军采办执行官（Army Acquisition Executive，AAE）的全面授权，集中履行导弹管理职责。

（5）担任导弹防御局作战机构的执行机构。

3. 陆军武器研发工程中心的职责

（1）对集成化的致命和非致命弹药和武器系统、子系统、部件、辅助设备和技术，进行技术和项目的寿命周期工程活动（研究、开发、制造、科学和生产、野战保障，以及非军事化），其目的是提高威胁意识、降低或完全压制对手的威胁能力。

（2）对陆海空天及单兵的平台和武器系统进行集成。本书所指的威胁包括但不限于：人员及装备、建筑物、掩体、坑道、障碍物、陆/海/空平台、地雷、简易爆炸装置、电子设备、航空弹药、火箭、导弹、爆炸危险品，以及大规模杀伤性武器。

（3）为后勤和产品，以及非武器系统（例如导弹、"防篡改"设备、反应装甲）中的致命和非致命子系统的组件，提供工程和技术保障。

4. 陆军航空与导弹研发工程中心的职责

（1）作为陆军的协调中心，在航空和导弹平台的全寿命周期内，为其提供研究、开发、工程技术和服务。

（2）为响应性强和成本效益高的研究、产品开发以及寿命周期内的系统工程解决方案，提供技术能力。陆军航空与导弹研发工程中心的核心技术和火箭技术能力包括结构（推进、能量、杀伤机理和飞行控制）、制导和导航（嵌入式电子设备和计算机、红外传感器和导引头）、导弹武器和平台集成、系统可靠性/可用性/可维护性，导弹射频（Radio Frequency，RF）技术、导弹火控雷达技术，以及导弹图像处理技术。

5. 陆军分析中心的职责

（1）在涉及战区级行动和全陆军的弹药问题分析方面——特别是涉及弹药资源分配的问题，提供专业解决方案。

（2）为所有建模和仿真（Modeling and Simulation，M&S）机构，提供前景展望、战略、监督和管理。

6. 国防弹药中心的职责

（1）为国防部、陆军部总部和其他政府部/局、机构、产业界，以及学术界和国际军事学生提供直接保障。

（2）陆军条例 AR 700 – 13 规定，该中心负责对承担弹药或爆炸物安全任务的指挥所、机构、设施和其他组织，履行现场审查职责并提供技术援助。

（3）履行陆军爆炸物安全管理项目中的技术工作。

（4）接受陆军安全部部长以及负责环境、安全与职业健康的陆军副助理部长办公室的技术指导和任务分派。

（5）设计、开发和发放第 5 类物资和导弹地面保障装备的运输和储存程序。

（6）为现役人员、文职人员和合同商提供爆炸安全认证和危险物资培训。

（7）担任国防部军事包装和防护培训的唯一机构。

2.4　美军弹药保障力量

在了解美军弹药管理体制后，通过研究分析美陆军弹药保障力量的编成，掌握不同层级部队作战和训练中，弹药保障力量的配属及运用模式，给出其职责分工和弹药保障链路。

美国陆军通常统管三军的常规弹药保障。美陆军弹药保障力量，是由陆军专业弹药保障部队和为其提供支援的汽车、铁路、航空运输及装卸载力量构成。当前，美军主要利用现代化弹药补给系统进行战时弹药的快速补给，其由"陆军—战区物资管理中心—军物资管理中心—师物资管理中心"四级供应组织和"战区储存区—军储存区—弹药补给所—弹药转运站"四层弹药配置组成。

陆军弹药保障力量负责在战区内开设现代弹药补给系统，并使其敏捷、高效、可靠运转。在 2003 年的伊拉克战争中，美军日消耗弹药高达 1.3 万余吨，正是依靠陆军弹药保障力量的有效运作，才保证了弹药物流供应链的顺畅流动，使美军得以充分发挥其火力优势，迅速取得战争胜利。

美国陆军器材部下设军械器材供应局，负责弹药的采购、供应、管理和保障。战区物资管理中心是战区弹药主管部门，负责计算战区弹药需求量，接收、审核各军对弹药的申请，并上报陆军部。此外，在战区、军、师三个层次配备专业弹药保障部队。师及师以上级别部队的弹药供应依靠上级弹药保障力量的配送，师以下级别部队主要依靠自身运力向上级弹药供应机构请领。

2.4.1　战区陆军弹药保障力量

战区陆军后勤部因按地区编配而被称为地区后勤部，下辖一个弹药大队，为专业弹药保障部队。根据本战区弹药需求量，弹药大队编配不同数量的弹药保障连，一个弹药保障连配备十余台集装箱搬运轮式吊车，二十余台 4 000 lb①、6 000 lb、10 000 lb 叉车和数十台整装整卸（PLS）弹药运输车（见图 2-6）、半挂车等机械化装备，同时利用战区内的铁路运力，其 24 h 弹药运输能力可达到 7 000 t。

图 2-6　奥什科什（PLS）

根据战区实际地理情况，战区陆军地区后勤部还可配属内陆物资转运连、水运终端勤务连、全般物资转运连等专业物资转运分队，这些分队根据具体任务配备了专业的装卸搬运机械。内陆物资转运连用于在机场、铁路和公路运输终端转运进入战区的集装箱包装弹药；水运终端勤务连负责从固定港口、岸滩进入战区的集装箱包装弹药的转运作业；全般物资转运连则将两者功能集于一身，进一步简化了人员装备，优化了职能。在未来，美军计划用全般物资转运连替代内陆物资转运连和水运终端勤务连。

2.4.2　军弹药保障力量

美陆军弹药保障的重点在军，军弹药保障力量具体编制见图 2-7。军物资管理中心和军运输控制中心为保障指挥机构，军前方保障大队、军后方保障大队和运输大队为后勤保障部队。

军前方保障大队的数量依具体作战形势而定，下辖若干个军后方保障营和一个军前方保障营。各营均配备一个弹药保障/补给连，为专业弹药保障分队，配备装卸搬运机械和整装整卸弹药运输车。运输连主要负责在弹药保障/补给连运力不足时提供运力支援。

---

①　1 lb = 0.454 kg。

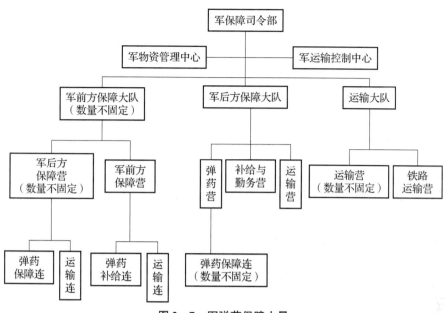

图 2-7　军弹药保障力量

每个军只配备一个军后方保障大队，其下辖的弹药营，为专业弹药保障分队。根据具体的弹药转运量，弹药营可灵活编配弹药保障连的数量，每个弹药保障连 24 h 配置、分发、装运托盘装载弹药 3 500 t，总运输能力 7 000 t。运输营可在弹药营运力不足时为其提供运力支援。由于美军重视物资的垂直补给，因此在补给与勤务营内专门设有空投补给连，能接收、储存和准备一天需空投的 120~200 t 补给品和装备。当需进行弹药的空投时，可对装载空投弹药的托盘和集装箱进行临时储存和加固。

运输大队为军运输支援力量，其可指挥、控制三个以上的运输营，主要提供军地域范围内的运输保障，并为补给、配送业务提供支持。根据任务需要，运输大队还可加强一个铁路运输营，管理 145~240 km 铁路线的运营和维护。该营物资转运连在机场、火车站、汽车站或港口管理散装或集装箱物资运输；挂车交换分队管理挂车交换站，为挂车交换作业提供保障。

2.4.3　师弹药保障力量

1. "传统部队"弹药保障力量

美军现役 10 个陆军师依其所属战斗营数量和类型不同分为重型师、轻步师、空降师、空中突击师、"21 世纪部队"师，其中前四种类型部队被称为"传统部队"，它们尽管编制、实力、装备和作战任务不完全一样，但其后勤组织体制大致相同，弹药保障力量的编配也基本一致。

"传统部队"保障司令部下辖有物资管理中心、前方保障营和主保障营。物资管理中心为保障指挥机构。一个前方保障营负责保障一个师属旅，下设专门负责弹药转运的连队，其24 h 接收、储存和分发弹药的能力为 200~600 t。前方保障营没有运输连，因此在运力不足时可由主保障营运输连提供运力支援。由于师为美军战术单位，主要任务是前沿作战，因此其配置于后方地域内的主保障营不编配专业弹药保障分队。为了适应空降作战的需要，空降师主保障营还下辖一个空投装备补给连，装备多种适宜空运和吊运的装卸搬运设备和 6 500 多具物资空投伞，可以及时将包括弹药在内的各种补给物资空投至已方伞降区域。师属航空旅下辖一个运输直升机营，依据各师作战任务差别，装备 20 至 40 架 UH-60 多用途直升机或 CH-47 中型运输直升机，主要用于弹药及其他补给物资的紧急空运。

2. "21 世纪部队"弹药保障力量

近年来，通过几次信息化条件下局部战争的检验，美军发现现役陆军部队的体制编制已不能很好地适应现代战争的需要。原陆军参谋长斯库梅克上将就曾指出："当前的陆军师就像一张 100 美元的钞票，如果要动用这个师的任何一种能力，就必须破开这 100 美元。"因此美国陆军在 2004 年将第 3 机步师改编为以诸兵种合成旅战斗队为基础，规模较小、装备齐全、独立性较强的旅一级"模块部队"，即"21 世纪部队"。

"21 世纪部队"强调以旅为基本作战模块，重视营的独立作战能力。因此，其弹药保障力量的体制编制遵循"模块化编组，保障独立作战"的原则，各师属旅配备一个前方保障营，每个旅属营由一个前方保障营所属前方保障连负责保障（见图 2-8）。这样就使各营即便脱离了旅建制，依然具备后勤补给和持续作战能力，为美陆军以营为基本战术单元，拆分"模块"奠定了基础。

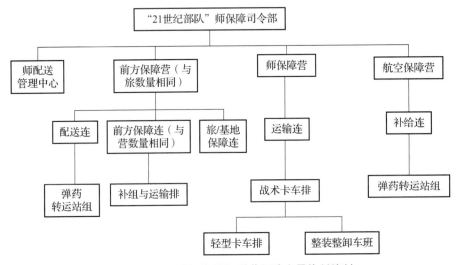

图 2-8 "21 世纪部队"弹药保障力量体制编制

前方保障营配送连弹药转运站组在旅后方地域开设弹药转运站，负责全旅的弹药转运。前方保障连补给与运输排将弹药从弹药转运站运抵前沿作战营，当补给与运输排运力不足时，前方保障营所属旅/基地保障连可以对其实施运力支援。战况紧急时还可利用师属航空旅的二十余架运输直升机进行快速垂直保障。

师保障营运输连负责师地域内弹药及其他补给物资的运输支援任务，与"传统部队"主保障营运输连相比，其更加重视物资的集装化运输，整装整卸弹药运输卡车占运输车辆总数的比例大幅提高，使该连一次最大运输能力达到 1 000 余吨。

师属航空旅由航空保障营进行直接保障。与"传统部队"不同的是，航空保障营补给连弹药转运站组负责开设弹药转运站，对武装直升机进行直接弹药保障。这一体制编制上的变化，一方面表明在未来美陆军作战中，将更加重视对于武装直升机的运用，充分发挥

"一树之高"的作战优势；另一方面，由于具备了独立的弹药保障能力，武装直升机分队可以不受编制束缚、任意编组，更加灵活地配合地面部队作战，凸显了"模块化"编组的优势（见图 2-9）。

图 2-9　美军重视对于武装直升机的运用

2.5　美军弹药保障力量职能任务

美军现代化弹药补给系统是由战区陆军弹药保障力量负责开设和运转的，由战区储存区（Theater Storage Area，TSA）—军储存区（Corps Storage Area，CSA）—弹药补给所（Ammunition Supply Place，ASP）—弹药转运站（Ammunition Transfer Place，ATP）构成，其弹药供应保障流程见图 2-10。

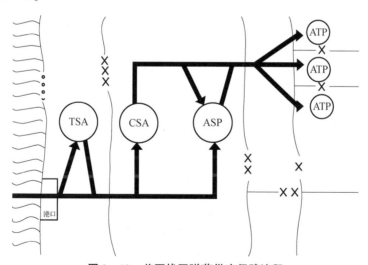

图 2-10　美军战区弹药供应保障流程

2.5.1　战区储存区

战区陆军后勤部弹药大队弹药保障连负责在战区后方地域开设一个战区储存区。战区储存区是战区最大的弹药配送基地，其任务是接收、储存和运输来自战区卸载港的集装箱弹药，同时还为在战区后方地域作战的部队提供地区性弹药保障。一个战区储存区的储备指标一般为 25 000 短吨（1 短吨约合 0.9 t），超过时由另一个弹药保障连负责开设新的战区储存区。

2.5.2 军储存区

军后方保障大队弹药营弹药保障连负责在军后方地域开设一个军储存区。军储存区是美军弹药配送的中转站，其任务是接收和储存来自战区储存区和战区卸载港的弹药，同时将多种弹药按部队武器配备、作战特点在托架上混装配载为战斗组合装载量（Combat Combined Loads，CCLs），再向弹药补给所和弹药转运站发放弹药。军储存区的弹药有50% 从战区卸载港接收，另外 50% 从战区储存区接收。其储备指标也是 25 000 短吨，超过时由另一个弹药保障连开设新的军储存区。

2.5.3 弹药补给所

军前方保障大队后方保障营弹药保障连负责在师后方地域开设一个弹药补给所。弹药补给所是师的弹药配送和补给的主要来源，它的弹药大部分来自军储存区，但在特殊情况下也允许战区卸载港和战区储存区的直达前送。其任务主要是向弹药转运站发放已经配载好的战斗组合装载量。

2.5.4 弹药转运站

弹药转运站主要由师前方保障营弹药转运站组在师或旅作战地域内开设，也可由军前方保障大队前方保障营弹药补给连直接在师、旅作战地域内开设，以进行弹药的越级直达保障。弹药转运站是一个临时性的弹药中转场所，有 75% 的弹药从军储存区接收，其余的25% 来自弹药补给所。弹药转运站是机动性最好、反应最快的弹药配送机构。

2.6 美军弹药保障力量特点

2.6.1 编制固定，装备配套

美军各级后勤部队是独立于作战部队的"第四军种"，专业弹药保障部队负责开设各级弹药转运机构。装备有集装箱装卸车、吊车、全地形变臂叉车等多种适宜野外作业的专用机械，用于转运机构内部操作的开展，配备的整装整卸弹药运输车用于执行集装弹药的交付前送。同时，各级后勤部队配备运输直升机和数量众多、性能优越的运输车辆，在战区形成了以弹药转运机构为节点、运输力量为联结的弹药保障网络体系。

2.6.2 分级负责，紧密衔接

从本土运往战区的弹药按照"战区储存区—军储存区—弹药补给所—弹药转运站"级别，由各级弹药保障部队以集装化形式前送至师或旅作战地域。在弹药转运站内，托架集装弹药拆分为托盘装载的战斗组合装载量形式，作战分队运用本级后勤运力将其运往作战地域。但是，弹药供应级别并不是一成不变的，当作战形势需要时，各级别后勤部队在本级和上级后勤保障司令部的指挥协调下，进行越级保障、多来源供应，以满足作战部队的需要，从而形成一条既级别分明又反应灵活、衔接紧密的弹药物流供应链。

2.6.3　合理包装，机械化搬运

现代化物资装卸、运输机械的运用是以合理的包装为基础的。美军弹药全部采用标准化、集装化包装，装载弹药的托盘、集装箱、托架军民通用，以方便利用民用机械进行运输和装卸。弹药以集装箱形式进入战区，在军储存区按照作战需求被配套包装为战斗组合装载量，以托盘或托架形式装载的战斗组合装载量可以直接运抵作战前沿，变"计量"式弹药保障为"计件"式弹药供应，缩短了弹药请领时间，同时配合机械化搬运手段，大大提高了弹药转运效率。

2.6.4　"模块"编组，瞄准未来

从美国陆军第 3 步兵师的改编可以看出，"模块化"部队是美陆军未来部队建设的发展方向，而与之相适应的后勤保障体制是其充分发挥战斗效能的基础。未来美军弹药保障在重视保障网和供应链建设的基础上，会更加重视弹药保障力量的"模块化"编组，以适应未来作战部队体制编制的变革，这对我军后勤、装备保障体制编制改革，具有一定的借鉴意义。美军弹药保障力量特点见图 2 - 11。

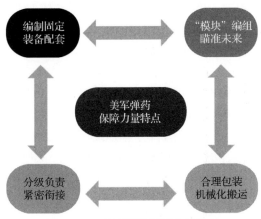

图 2 - 11　美军弹药保障力量特点

第3章
美军弹药储供配置

美军的弹药储供配置和美陆军的弹药储供配置既存在相同点，也存在一些差异。下面分别分析美军弹药储供配置模式和美陆军弹药储供配置模式，为我军弹药储供配置优化提供一定的借鉴。

3.1　美军弹药储供模式

美军的弹药储备保障一直伴随战争形态和科学技术的进步而不断实践、完善和发展，并围绕其作战任务方向和地域进行科学规划。

从战略角度上看，美军自 20 世纪末开始，在全球建立的军事物流基地可分为 3 个战略区、13 个基地群。其中，欧洲、中东与北非战略区有 4 个基地群，以中欧基地群为主体，负责扼守欧洲的心脏地带；亚太与印度洋战略区有 6 个基地群，对美国有着重要的战略价值，控制着具有战略意义的航道、海峡和海域；北美与拉美战略区有 3 个基地群，是美国的后院，其中，格陵兰和加拿大基地群主要担负战略预警和增援任务，巴拿马与加勒比海基地群则构成美国本土防御的南部屏障，也是控制加勒比海地区的桥头堡。

对于战场上的部队，弹药储备就是弹药保障的源头，先有了储备才能组织有效的供应，保障战争中处于有利位置。近年来，美军军事基地经过大幅度删减、扩建、增加和调整，逐步形成了一个与美军战略方向相一致，以本土基地为核心，以海外中间基地为桥梁，以战区基地为前沿，点线结合、全球布控的军事物流网。

美军的储备分为战略、战役、战术（军、师）三级，在战术级之下还可以进一步细分。战略级储备主要在美国本土，通过对原有重点仓库等基础设施的改造和扩容，增加了一些先进设备，建设成为战略级物资管理中心。战役级储备分布在美军的前进方向，主要由前进方向的战役基地和大型海上预置船舶构成，用于军队前进过程保障和前线作战补给。巨型船舰和航空母舰的产生使得美军的战役级仓库形成了巨大灵活的"海上移动仓库"（见图 3 – 1）。

战术级储备在美军的作战区域周边基地，由若干个物资转运站构成。物资转运站建于师后方地域，位于农村、牧场、商业建筑区等不需要加大投入进行建设的地域。它的布局具有高度的灵活性，一般在战争的 1~2 年前开始修建，并进行完善。基于"三级储备"的物资保障流程见图 3 – 2。

针对战略、战役级仓库，美军充分借助了第三方物流，实施了供应商全程保障。战术级仓库着眼作战行动变化，采取机动伴随保障，即保障部队紧随作战部队其后挺进作战区域，从而使武器专家向作战部队提供最直接的支援。美军战时所需的大部分弹药，由战略级仓库

图 3 - 1　美军航空母舰弹药转运空间

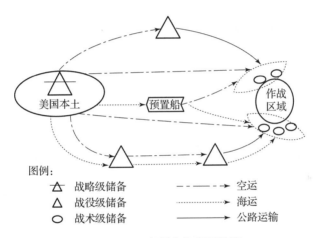

图例:
△ 战略级储备　————→ 空运
△ 战役级储备　·············→ 海运
○ 战术级储备　————→ 公路运输

图 3 - 2　"三级储备"保障流程

组织筹划利用空运或海运等手段来实施。战役级储备基地修建了大量保障设施作为中转仓库,利用其地理优势进行就近的前进过程补给。各个战区建立了物资预置制度、一线部队物流基地和技术保障中心,一旦发生战事,预置机制开始启用,在美军联合后勤指挥中心的统一调配下,部队就可以轻装前往预定的位置上领取通用物资和武器等,然后以最快的速度前往战区进行战斗。

3.2　美陆军弹药储供配置

　　海湾战争以来美军的几次局部战争中,美军使用的武器装备众多,特别是武器弹药,不但种类众多而且技术含量高,消耗大。但是美军依然能够很好地完成保障任务,最重要的就在于它的编制体制完善。美军的弹药保障属于后勤保障,其后勤保障系统有总部级、中间级和支援级。总部级一般是在美国的本土或各个基地,而中间级是战区至军一级的层面,支援级则是师以下的机构。在具体的保障工作过程中，弹药的保障主要由战区司令部进行负责，军一级有支援司令部，负责对全军进行保障，其编制体制并不固定，通常由弹药大队保障实施。对于师一级而言，同样成立支援司令部，对于弹药保障的工作统一进行管理，其补给与运输营负责进行弹药补给，而营级单位通常由支援排来负责弹药的保障工作。可见美军的弹药保障体制是比较灵活的，在平时弹药保障中是纳入所有的后勤保障中的，在战时可以组成支援的分队，对弹药进行保障，这与我军的保障体制有所不同。从美国陆军弹药保障力量分析可知，美国陆军实施"战区储存区—军储存区—弹药补给所—弹药转运站"四级弹药保障配置模式。

3.2.1 战区储存区

战区储存区位于战区后勤地带，依托仓库进行弹药储备。一般位于公路、铁路等交通便利的地域。战区储存区的弹药储备标准约为 30 个补给日份，但也可视作战进程和弹药消耗情况适当增减，比如海湾战争中，战区储备的总补给日份达到 60~70 日份。

3.2.2 军储存区

军储存区由军支援司令部全般支援弹药连在军后方地域建立，弹药储备标准是 7~10 个弹药补给日。军储存区与弹药补给所之间的距离不超过 100 km，到弹药转运站的距离不超过 130 km。它一般为固定、半固定或开放式区域，位置靠近主要补给线和车站，便于运输。

3.2.3 弹药补给所

弹药补给所是师弹药配送和补给的主要来源，一般选设在需要工程保障最少的地方，由直接支援弹药连负责开设与管理。弹药储备标准为 3~5 个弹药补给日。一般靠前配置，位于师后方分界线附近，到作战部队的车辆往返时间不超过 4~4.5 h。

3.2.4 弹药转运站

弹药转运站是临时性的弹药中转场所，由中型弹药补给分排开设，位于旅的后方地域，具体开设位置将取决于现有道路网和隐蔽条件。要尽力构成环形路线，避免造成交通堵塞。弹药转运站的位置不固定，应经常变换位置，以免受敌突击。一般情况下，弹药转运站至作战营的距离为 10~15 km，弹药储备标准为 1~3 个弹药补给日，200~350 t 弹药。

3.3 美军弹药保障实施

3.3.1 弹药保障基本流程

美军弹药保障的基本流程为：从美国本土把弹药运抵目的地港口或机场，卸载并分区后，根据需要运往战区储存区或军储存区，某些弹药可以直接运往弹药补给所。然后再从战区储存区或军储存区运往弹药补给所，或者从军储存区直接运往弹药转运站。作战部（分）队主要从弹药转运站领取用量大、吨位重的弹药，其余的弹药到弹药补给所领取。

3.3.2　战区内弹药补给实施

1. 战区的弹药补给实施

把来自本土的弹药，用运输机、火车、汽车、驳船或几种方式相结合，前送到事先选定的弹药补给所和军储存区，紧急时刻空运直达前线（见图3-3~图3-5）。

图 3-3　美军利用运输机进行弹药补给

图 3-4　美军集装箱模块化运输

图 3 – 5　美军利用航母进行弹药运输

2. 军储存区的弹药补给实施

军物资管理中心和军运输旅把弹药从军储存区送至弹药补给所或直接前送到弹药转运站，紧急情况下可用直升机将弹药直接送往使用单位。

3. 弹药补给所的弹药补给实施

通常条件下，弹药补给所发放弹药采取上领方式，即使用单位用自己的车辆到弹药补给所领取弹药，战斗分队的弹药补给车从后勤地域出发，通过师后方地域，到弹药补给所领取所需弹药，然后返回本分队的后勤地域（见图 3 – 6）。

图 3 – 6　美军战场运输

4. 弹药转运站的弹药补给实施

　　上级前送的载弹拖车到达后，按要求开往一个装载作业区。摘掉拖车挂钩，把载弹拖车留下，挂上最近的另一台空拖车返回上级单位（见图 3-7）。战斗分队的车辆到达后，经检查、验证，按要求前往转运站的作业区，装载弹药，车辆装好后即返回本分队。

图 3-7　美军载弹拖车

第4章
美军弹药保障手段

　　美军的弹药补给、弹药投送能力是非常强大的。就伊拉克战争而言，美军使用 19 948 枚精确制导弹药，包括巡航导弹、空地导弹、精确制导炸弹等。可见美军在战争中使用的弹药种类复杂、数量众多，这样对于弹药的补给就是一个严峻的挑战。美军对于弹药的补给，通常采用各级管理部门的计划与部队的申请相结合的方式，通常采用逐级前送补给和越级前送补给。为了能够使弹药能够源源不断地发付给前线，美军采取海陆空三军联合补给制度。在海运方面，美军使用大型集装箱对于弹药进行大规模的运输，同时在空运方面，美军可使用大型运输机，每次运送量可达 300 余吨，在海湾战争中，这种补给方式就占到补给总量的 1/6（见图 4 - 1）。同时铁路、公路也是美军运送弹药的方式之一。图 4 - 2 为伊拉克战争中的美军后勤车辆。

图 4 - 1　海湾战争中美军使用的 C - 5 运输机和 AH - 1、UH - 1 直升机

图 4 - 2　伊拉克战争中的美军后勤车辆

4.1　美军弹药运输配送

一提起军事物流系统，人们总会想到堆积如山的军用物资，例如武器弹药、油料、武器配件和各类给养等。早在第二次世界大战期间，美军为了有效提高战时的物资保障能力，其物资供应系统便尝试运用各种先进的管理方法，将军用物资的生产、筹措、储存、运输、分发等活动作为一个整体进行统筹安排、全面管理，取得了满意效果，这就是现代物流的萌芽。第二次世界大战结束以后，美军物流系统成功地保障了朝鲜战争、越南战争和冷战的物资供应。此时美军物流系统的基础是物资的大量库存，其中许多物资都是为以防万一而提前准备的，称之为基于储备的军事物流系统。

20 世纪 90 年代初以后，美军越来越感到基于储备的军事物流系统的运作质量远远落后于优秀的商业公司。面对瞬息万变的战场环境和充满不确定性的物资需求，基于储备的军事物流系统行为迟缓且效率低下，不能为作战部队提供有效的、持续的物资保障。美国军方有关美国陆军在伊拉克战争期间表现的首份官方评估报告指出，陆军在战争中曾饱受后勤难题困扰，其严重性远比以前媒体披露过的类似问题糟糕得多。例如，在伊拉克沙漠中狂飙突进的美军第 3 机械化步兵师曾差点儿因装备备件缺乏而停止进攻。此报告重点"炮轰"了低效的陆军补给系统，称后勤线未能跟上作战部队的步伐。从将军到普通士兵，没有任何人对配件供应有半句好话。因缺乏运输卡车司机，坦克发动机只能躺在科威特仓库中"睡觉"，而不能被运到望眼欲穿的前线装甲部队。炮兵部队有时靠从伊军火炮上拆下的零件来维持自己的榴弹炮才能开火。

另外，基于储备的军事物流系统在保障过程中造成了巨大的浪费。在海湾战争中，据统计，美军运到战区的 4 万多个集装箱，其中有一半没有派上用场。到停战协定签订时，美军后勤仍储备有 29 日份的食品、5～6 日份的油料和 60～100 日份的弹药。仅战争打响以后新增的 21 日份弹药，就重达 29.4 万 t，需要 17 800 台卡车在战区往返运送一次。战后，美军不得不展开一场持续一年的、被称为"移山"的"沙漠告别行动"，将战前费尽九牛二虎之力运到战区的价值 27 亿美元的补给品，一一清理包装后运回国内，造成了很大的浪费（见图 4－3）。

图 4－3　大多数装备和补给品堆积在码头

同时，美军认为，新军事革命中"最根本、革命性的变革是作战勤务支援领域"。美国国防部在《2010 年联合构想》中明确提出美军未来的后勤将变为"集中后勤"，并在 1998 年出版的《联合作战科学技术计划》中强调指出："实时集中后勤是产生和支持压倒优势的作战能力的核心。"

为了满足美军作战对物资保障的需求，美军物流系统急需解决诸如在资源有限、军事预算减少的情况下，如何取得最小的军事物流资源耗费；在信息技术及运输技术高度发达的情况下，如何构建一个强大的信息支持平台，从而对系统整个运作流程进行实时控制；如何对现有的组织结构和运作流程进行再造，从而提高整个系统的反应灵敏度和运作效率；如何提高保障设施的生存性及质量，降低系统规模等一系列问题。针对上述问题，美军在《陆军战略后勤规划》（2002 年版）中指出："军事物流系统的运作方针应该以配送为主。因此，军事物流系统变革的目标是基于配送的军事物流系统。"

4.1.1　基于配送的军事物流系统的提出

基于配送的军事物流系统的提出是工业中的准时制和现代物流理论相结合的产物。准时生产方式（Just In Time，JIT），是日本丰田汽车公司在 20 世纪 60 年代实行的一种生产方式（见图 4－4）。1973 年以后，这种方式对丰田公司度过第一次能源危机起到了突出的作用，后引起其他国家生产企业的重视，并逐渐在欧洲和美国的日资企业及当地企业中推行开来。现在这一方式与源自日本的其他生产、流通方式一起被西方企业称为"日本化模式"，其中，日本生产、流通企业的物流模式对欧美的物流产生了重要影响。近年来，JIT 不仅作为一种生产方式，也作为一种通用管理模式在物流、电子商务等领域得到推行。

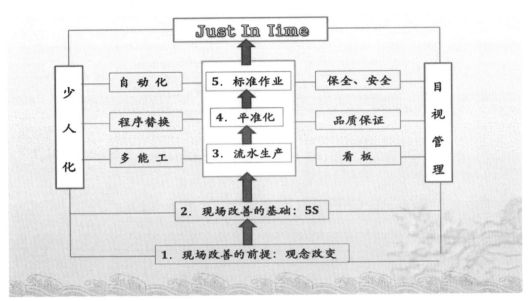

图 4-4　丰田汽车准时制生产方式

　　准时制生产方式的基本思想可概括为"在需要的时候，按需要的量生产所需的产品"，也就是通过生产的计划和控制及库存的管理，追求一种无库存或库存最小化的生产系统。准时生产方式的核心是追求一种无库存的生产系统，或使库存达到最小的生产系统，为此开发了包括"看板"在内的一系列具体方法，并逐渐形成了一套独具特色的生产经营体系。准时制生产方式以准时生产为出发点，首先暴露出生产过量和其他方面的浪费，然后对设备、人员等进行淘汰、调整，达到降低成本、简化计划和提高控制的目的。在生产现场控制技术方面，准时制的基本原则是在正确的时间，生产正确数量的零件或产品，即时生产。它将传统生产过程中前道工序向后道工序送货，改为后道工序根据"看板"向前道工序取货，"看板"系统是准时制生产现场控制技术的核心，但准时制不仅仅是看板管理。

　　现代物流理论认为，物流的目的在于"以 Speed（速度）、Safety（安全）、Surely（可靠）、Low（低费用）的 3SL 原则，即以最少的费用提供最优质的服务"。首先，现代物流强调主动配送而不是用户被动接收供应；其次，在现代通信和信息技术的支持下，物流配送采取从起点直达终点的补给方式，而不是逐级前送，强调反应迅速，具有敏捷性；再次，直接服务于用户，掌握了用户个性需求，实现了按需供应、个性化服务，同时，按需供应也实现了精确保障，而不是机械地按计划供应或过量保障；最后，由于物流强调综合配送、配套保障，确保了用户及时获取全部补给物资，避免了"车到油未到"等尴尬局面的出现。

　　美军借鉴准时制的基本思想，并将其与现代物流理论相结合，提出了"配送"的概念。美国国防部《军事和联合条款字典》对配送的定义界定如下：配送是军事物流系统中的所有构成单元的一个同步运作流程，从而将恰当的物资在恰当的时间递送给作战部队。根据该界定，配送是一个包含若干操作和管理等方面一系列活动的流程。配送系统则是一个由设备、基础设施、方法和有计划的程序，包括接收、储存、维持、分发和控制等多个单元构成的联合体。

在"配送"概念的基础上，美军从《2010 年联合构想》中提出的未来美军的作战理论出发，进一步明确了军事物流系统变革的目标和方法，即未来的军事物流系统变革规范，见表 4 - 1。

表 4 - 1　美军未来的军事物流系统变革规范

2010 联合构想	作战战略	变革目标	实现方法
主宰机动	部署和运用广泛分散在空中、陆地、海上和空间的部队，进行快速、具有决定性的军事打击，从而获得压倒性的，不对称优势	提高物资反应的灵活和速度，从而与作战单元的作战相匹配	★ 持续补充； ★ 全部资产可视； ★ 快速运输； ★ 简化运作流程
精确打击	充分发挥在目标搜索、控制、打击和指挥上的优势，在适当的时间和关键的地点集中完成任务所需的兵力，从远距离上发现、打击和摧毁目标	提高物流服务的用户化定制程度，以便满足作战单元独特的、多样化的物资需求	★ 快速、精确的物资补充计划； ★ 实时决策支持工具； ★ 先进的运作工具； ★ 精确的配送支援
全程维护	为美军和设施提供贯穿平时、危机和战争的全过程以及冲突的各个阶段的保护	加强物资供给线路的可生存性	★ 最大限度地分散物流资源； ★ 尽可能地运用虚拟供给链

军事物流系统变革的目标是相对稳定的，但实现目标的方法却随着技术的发展、管理理论的创新等条件的变化而不断变化。

根据美军物流优化的规范，军队后勤"管线"中信息的快速流动可以代替部分物资数量，依靠信息技术的发展及其在军队对后勤领域的广泛应用，可以为后勤摆脱大规模物资储备提供技术支持。在此基础上，美陆军器材部原后勤副参谋长诺曼·威廉姆斯少将提出了"用速度型后勤系统代替数量型后勤系统"，即要把后勤从以供应为基础的、依赖大量库存的系统转变成为依靠计算机网络、以配送为基础的系统。为此，美军在《陆军后勤战略规划》（2002 年版）中明确提出了军事物流系统变革的战略目标：将美军物流系统由一个基于由大量物资支配的系统转型为一个基于速率、灵活性和信息的系统，使之具备在战争中可实时控制的、由工厂到散兵坑的无缝业务流程。美军将该系统称为基于配送的军事物流系统。

基于配送的军事物流系统的基本含义是：在后勤"管线"中实现全资产可见性的基础上，根据准确预测的作战部队需求，通过灵活调遣物资资源，以很少的库存品和灵活的保障设施，采取从起点直达战斗部队的联运方式，在需要的时间和需要的地点将物资主动配送给作战部队。图 4 - 5 所示的美军航空运输就是一种典型的直达运输。

图 4-5 美军航空运输

4.1.2 基于配送的军事物流系统的主要特征

基于配送的军事物流系统将具有与传统的基于储备的军事物流系统截然不同的特征。美军指出"基于配送的军事物流系统"不只是增加供应链中的运输量，也不仅是改善一下供应链的运行速度，它代表的是一种全新的物资供应工作方式。其主要特征见图 4-6。

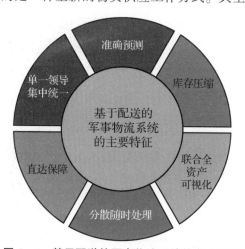

图 4-6 基于配送的军事物流系统的主要特征

（1）在需求预测上，实现对作战部队 24 h 内（或更长时间）后勤需求的准确预测，并据此主动实施保障，在此基础上对变化的保障任务进行实时调整。

（2）在库存规模上，实现保障梯次中补给品储备的最大限度压缩，以数量适中的补给品的快速流动和灵活调遣满足作战部队需求。在整个基于配送的军事物流系统中，物资只是在仓库中做短暂的停留，更多的则是处于不断的快速移动当中。同时，库存物资的规模是由当时的保障任务，而不是由历史数据的统计决定的。

（3）在运作过程控制上，实现战略、战役、战术各补给环节的联合全资产可视化，对补给品实行从仓库到战区和最终用户的全程跟踪。

（4）在反应时间上，要求将以往部队请领申请成批集中处理改为分散随时处理。要求从战斗部队发出申请到补给部门作出答复不超过 24 h，要求物资从战区补给系统到战斗部队的时间不超过 48 h。

（5）在补给环节上，实现由一体化的联运系统从补给源头对一线战斗部队的直达保障，最大限度地减少中间补给环节。

（6）在补给体制上，实现从补给源头到战斗部队各级后勤的单一补给管理者领导体制，集中统一地实施运输控制和物资管理。美军设想将战略、战役和战术级后勤编组成一个结合严密的统一体，后勤保障系统将由单一指挥员，即战略层次的"高级后勤主管"统一负责，将从战略层次通过战区，向作战部队指挥员提供遂行作战和保持进攻势头所需要的一切后勤保障。

在伊拉克战争中，基于配送的军事物流系统较好地体现了"即时物资补给"战略：一切物资只是按需要的量，在需要的时间，投放到需要的地点，而没有为应付可能发生的情况作储备。为此，战前美军根据对战争进程的预测，只储备了 1~2 周的作战物资，其他则是通过基于配送的军事物流系统，进行"适时、适地、适量"的补给，既保证了战争的需要，又最大限度地提高了军事经济效益。对此，一位华盛顿后勤专家评论说，"如果按照以前的军事物流系统运作，美军今天在伊拉克战争中，就不可能推进得这么快。"

4.1.3 美军物流系统变革的战略规划框架

美军认为，基于配送的军事物流系统是一个由设备、基础设施、方法和有计划的程序，包括接收、储存、维持、分发和控制等多个单元构成的联合体。因此，美军物流系统变革涉及多个方面。归纳起来，美军物流系统变革的战略规划框架可以体现在以下四个层面：需求分析层、流程规划层、支持支撑层和持续改进层。

（1）需求分析层。需求分析层是分析美军军事战略对军事物流系统提出的要求，明确军事物流系统变革的目标定位。军事物流系统变革的目标是为美军在世界任何地方打赢两场战争提供有效的、高效的物资保障，因此，军事物流系统变革所有的措施都是围绕该目标展开的。

（2）流程规划层。流程规划层是指针对军事物流系统变革的目标，对现有的军事物流系统流程进行规划。通过流程规划对现有的军事物流系统运作流程进行优化，规划出相对最优的运作流程。

（3）支持支撑层。支持支撑层是指为了实现相对优化的军事物流系统运作流程，对该流程的支持和支撑措施，包括组织结构再造、资源配置优化、民间力量综合和信息技术支持四个方面，形成了四个子层，分别是组织再造子层、资源配置子层、力量综合子层、技术支持子层。

（4）持续改进层。持续改进层是指围绕军事用户的需求，对流程优化层和支持支撑层进行全面的绩效评估，从而不断提高军事用户的满足度。

各层之间的关系可作如下描述：组织结构再造是为军事物流系统运作提供组织基础，为军事用户实施物资供应的组织体系；资源配置优化是为军事物流系统运作提供物质基础，为军事用户实施物资供应的军事资源；民间力量综合是军事物流系统运作必要而有益的军事资源补充；信息技术支持是为军事物流系统运作提供有力的技术支持。在此基础上，军事物流系统对军事力量的物资需求进行流程规划，高效、有效地满足军事力量的物资需求。绩效评估则是对上述各层进行评估，为持续改进提供必要的依据。

　　这四层之间的关系可以用图 4 – 7 表示。

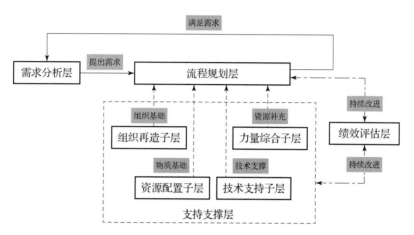

图 4 – 7　需求分析层、流程规划层、支持支撑层和持续改进层之间的关系

4.1.4　美军物流系统的技术支持

1. 联合全资产可视化的提出

　　近年来，美军在各次重大军事行动中，由于无法准确掌握物资所在位置及运输情况，致使数以千计的物资申请单重复发出，导致物资器材大量运进战区，给后勤带来严重困扰，使后勤管理人员常处于忙乱之中，从而造成运输紧张。再加上货物标识不清、分类不详、收货单位混乱等，使保障效能大大降低，影响了军事行动快速进行。如在海湾战争中，有多达数万个集装箱不得不临时在码头上打开，靠人工清点后，再重新进行分装和发运。当时美军曾把很多集装箱运到 2 000 mi① 以外的某地，但开箱时却发现只有 10% 的物资可供前线部队使用，而 90% 的物资属于港口附近的后方部队。另外，空军的 25 万个货架内的物资无法迅速判明。海湾战争后，为解决物资在请领、运输、分发环节中存在的严重现实问题，给作战部队提供快速、准确的后勤保障，美国国防部于 1992 年 4 月提出了全资产可视化计划。该计划要求从物资生产厂商到部队单兵掩体均需对发运的物资和装备及承运人等状况进行全程监控和跟踪。1994 年 3 月，负责后勤的国防部副部长助理召开了全资产可视化会议。同年 9 月，由各联合司令部和各军种提供人员，组建了国防部全资产可视化联合攻关组，随后公布了一个实施计划。1995 年 4 月，美陆军被指定为牵头单位，负责组织、征询和执行联合全资产可视化计划的各项倡议。同年 8 月，美军成立了联合全资产可视化办公室。1998 年 6 月，牵头机构又由陆军转移到国防后勤局。其最高领导机构是联合全资产可视化性委员会，由负责后勤的国防部副部长助理任主席，其他成员包括参联会后勤部长、参联会人事部部长、各军种后勤主管、国防后勤局局长、国防信息系统局局长，以及美军运输司令部副司令等。联合全资产可视化办公室负责主持其全球用户会议。每年举行两次会议，主要讨论用户

---

① 1 mi = 1.609 3 km。

需求、计划进展及当前与未来相关事宜。

2. 相关概念

（1）联合全资产可视化。联合全资产可见化作为美国军事后勤革命的六大目标之一，是美国国防部后勤发展战略计划的重要内容。根据新的构想，美军后勤应能在各种军事行动全过程中，在准确的地点与时间向联合作战部队提供数量适当的所需人员、装备与补给品。要实现这一目标就必须做到后勤保障中资产的高度透明化。联合全资产可见化既是"21 世纪部队"美军后勤的一项创新，也是信息技术在后勤领域的实际运用。所谓"联合全资产可见化"（Joint Total Asset Visibility，JTAV）是指及时、准确地向用户提供部队、人员、装备和补给品的位置、运输、状况及类别等信息的能力。它还包括根据这些信息采取行动以改善国防部后勤工作总体效能的能力。

JTAV 涉及三种情况下的资产，即"储存中的资产""运输中的资产"和"处理中的资产"。

储存中的资产，包括储存在部队级和总部级（岸上和海上）仓库中的资产，以及存放在拍卖或销毁机构的资产；也包括为支援修理而由维修机构保持的库存品，以及部分由供货商管理的库存品。这个类别包含所有种类的补给品。

运输中的资产，涉及在运可见性，强调的是资产从起点到终点的运转。国防部要有能力识别在运货物的内容，应监控其在整个后勤补给线上的运动。国防部还要有能力跟踪物资、部队及人员的运动，以及重新编组成批的货物和改变其运输终点。

处理中的资产，指正在采购或修理的资产，包括已从国防部供货商订购但还未发运的资产，以及某些由供货商管理的库存品。

（2）联合全资产可视化系统。JTAV 是一种能力。为了实现这种能力，需要通过构建一个覆盖美陆、海、空三军，对物资的采购、收发、储存、运输等所有环节实施动态监控的信息管理系统。该系统可以自动跟踪整个补给系统中各种物资的品种、数量、位置、承运工具和单位等，给用户提供以网络为基础的接触途径，准确地显示它们的实时数据，从而使整个后勤补给系统的各种活动全景一目了然。本书称该系统为联合全资产可视化系统（Joint Total Asset Visibility System，JTAVS）。JTAVS 实质上是一个集成的数据环境，它将储存中的、运输中的、处理中的资产相关数据进行收集，并把它们融合到一起，然后以一种有用的形式把信息提交给用户（见图 4 - 8）。

3. JTAVS 的体系结构

JTAVS 是一个复杂系统。美军利用体系结构来对其进行描述。按照 IEEE - Std - 1471 - 2000 的定义，体系结构是系统基本的组织原理，具体表现在它的组成部分、相互间的关系，与环境之间的关系，以及指导系统设计和演变的指导原则等方面。体系结构是从宏观上对复杂系统进行研究，描述其组成部分及各部分之间的联系，为人们进一步研究复杂系统奠定良好的基础。系统的体系结构可以通过一个或多个视图来进行描述，每个视图表示系统利益相关者一个或多个关注点。以 C4ISR 体系结构框架为例，C4ISR 体系结构框架将 C4ISR 系统体系结构分为作战体系结构视图、系统体系结构视图和技术体系结构视图三部分，分别从作战应用、系统设计以及技术三个视角来描述 C4ISR 系统的体系结构。

作战体系结构视图是关于任务和行动、作战要素以及完成或支持军事作战所要求的信息流的一种描述。它包括作战要素、赋予的任务和行动以及支援作战人员所需信息流的描述，

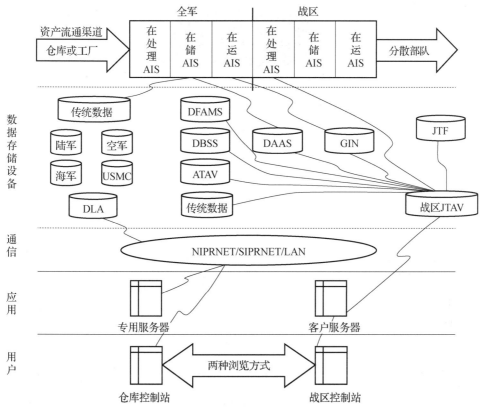

注：AIS—自动化信息系统；ATAV—陆军全资产可视性；DAAS—国防自动化寻址系统；DBSS—
国防血液标准系统；DFAMS—国防燃料自动化管理系统；DLA—国防后勤局；CTN—全球运输
网；LAN—局域网；JTAV—联合全资产可视性；JTF—联合特遣部队；NIPRNET—非安全互联网
协议路由器；SIPRNET—安全互联网协议路由网；USMC—美国海军陆战队

图 4 - 8　联合全资产可视化系统

通常采用图形方式。作战体系结构规定信息交换的类型、交换的频率、信息交换支援何种任务和行动以及足以与特殊互操作要求相适应的信息交换特征。

系统体系结构视图是提供或支援作战功能的系统和互连。对 C4ISR 系统来说，系统体系结构视图说明多个系统如何连接和互操作，并且可以描述在这个体系结构中的特定系统的内部结构和运行。系统体系结构视图把系统的物理资源和它们的性能特征与作战视图及由技术体系结构所定义的标准提出的要求联系起来。

技术体系结构视图是决定系统部件或组成要素的安排、相互配合和相互依存的最低限度的一组规则，其目的是确保组成的系统满足一系列特定的要求。技术体系结构提供了系统实现的技术指南，它包括一系列技术标准、惯例、规则和准则，它们决定了特定系统体系结构的系统功能、接口和相互关系，并与特定的作战体系结构建立联系。作战体系结构视图、系统体系结构视图、技术体系结构视图之间的关系见图 4 - 9。

美军联合全资产可视化办公室借鉴了 C4ISR 体系结构框架的思想，利用三视图对 JTAVS 进行描述，分别是运行体系结构、系统体系结构和技术体系结构。体系结构实质上是为开发 JTAVS 提供了一个思路与框架。本书主要介绍 JTAVS 的运行体系结构和系统体系结构。

（1）运行体系结构。运行体系结构集中反映了 JTAVS 使用者的视点，描述了 JTAVS 使

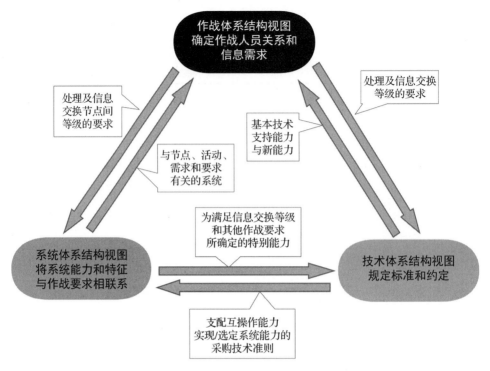

图 4 - 9　作战体系结构视图、系统体系结构视图和技术体系结构视图之间的关系

用者的信息需求，由连续性的运行流程图、信息交换需求、接收节点表构成，实质上是确定联合作战各业务流程中对"储存中的资产""运输中的资产"和"处理中的资产"的数据需求。为了完整而有效地描述这种需求，可以通过三个步骤加以完成：

步骤一：将联合作战的业务流程进行分解，得到若干连续的业务流程图。业务流程图对保障联合作战的全资产可视性信息所要求的任务进行了介绍。该图同时还能识别参与联合作战过程的高级机构，并对这些机构间的关系以及一般性的信息流进行说明。高级联合作战任务来自联合作战条令以及通用联合任务表。这些任务被检查后可被用来识别下一级任务以及保障每一阶段的信息流。每一分项活动都直接同联合全资产可视性需求相连。

步骤二：通过业务流程图明确各个节点对信息的需求。

①终端用户。终端用户是一个组织机构（或个人），是物品的最终接收者或使用者。终端用户应获得"在运"物资的可视性（包括到达与离开物资），包括单件物品情况、运输数量、预计运货日期。搜集运输数据的"在运"物资可视性系统和其他运输系统不能自动提示用户到达物资的情况和预计运送次数。终端用户也必须能够利用标准术语查询运输情况，如请领单编号、采购订单编号、装备识别码、运输财务账号、运输控制编号、集装箱编号、运输工具编号、运输路线编号等。总之，终端用户需要批发级物资的可视性，以便执行各种行动计划。

②零售补给机构。零售补给机构通常是在分队或基地级负责请领和储存物品的组织机构。零售补给机构应具有获取所有到达与离开货物装运信息的能力，包括未完成的请领单。零售物资管理机构也需要国防部拥有的所有资产的可视性，包括批发、零售和"非传统性"补给物资以及正处于采购和修理状态的物品在内。另外，在同一补给链中的用户级零售机构

需要中间级零售补给机构的资产可视性。

③作战司令部（见图 4 - 10）。作战司令部对联合全资产可视性系统的主要需求是把它作为一种部队跟踪工具。作战司令部的参谋必须能够查找到、看到运送资产并能将其与部队战备联系起来；必须能够将人员的身份证号和特征（包括技能、性别、籍贯、民族、宗教等）与战区内的人员联系起来；也要了解部队战备情况，包括训练状态、装备战备状态和可用货物部署日期等。作战司令部的后勤参谋必须能够识别各种可能的运输，以把非作战物资运到中间整备设施，再从中间整备设施运到卸载港口。作战司令部医疗管理机构需要快速获取当前的伤病员的状况、位置和运输情况。图 4 - 11 为美军运输直升机转运装备车辆。

图 4 - 10　美军作战司令部

图 4 - 11　美军运输直升机转运装备车辆

④联合特遣队。联合特遣队是临时建立的包括一个军种以上的军事组织，由参谋长联席会议主席指挥。联合特遣队司令通常是战区司令。联合特遣队的参谋需要部署到战区的所有部队（现役和后备役）的战备情况和实际运动的可视性。计划参谋需要未完成的请领单的

可视性，以便评估紧急作战和制定作战计划。联合特遣队的参谋也应该获得仓库级和中间级维修设施的全资产可视性，以便评估战备，识别和管理重要物品，查明后勤瓶颈问题，建立优先发放顺序，并确定资产和运输要求。联合特遣队医疗管理机构需要快速获得有关伤病员的状况、位置和运输情况等当前信息。

⑤中间级和仓库级维修。中间级和仓库级维修具有许多物资和后勤保障特点，这两级都需要保障修理和大修生产计划的物资利用率的可视性，也需要关于请领情况的详细信息和运货信息。这两个机构都拥有"在储"和"在处理"两类资产。

⑥指挥和管理层。国防部长办公室、参谋长联席会议（见图4-12）和各军种总部对信息的需求大体相似，在大多数情况下，仅在具体层次上存在一些差异。国防部长办公室的后勤参谋人员需要获得两个节点间的后勤反应能力，以便监视后勤反应情况，并研究后勤反应时间提高的可能性。国防部长办公室也需要各种"在修"资产的可视性，以监视后勤领域的绩效，支持主要工业动员决策，对政策、预算和采购方案进行评估。联合参谋部要求，正处于采购和维修阶段中的资产具备可视性，以便评估应急计划和制定特种作战计划。联合参谋部的医疗管理机构需要快速获得关于伤病员的状况、位置和运输情况的当前信息。联合参谋部还要具有战备状态和各部署部队（现役和后备役）实际调遣情况的可视性。军种总部及其一级司令部包括部队或基地（含有一个分队以上）以上的任何组织阶层。军种总部需要其隶属部队的未完成请领单的可视性，以监视紧急订货情况。后勤和人事参谋需要部队装备战备和运输情况的可视性，伴随补给品、战区调进调出或在战区内调动的人员流动情况的可视性，以及能够按照部署计划使实际运输数据与具体物品相一致的可视性。一级司令部在研究计划、评估执行计划的能力、管理重要物品和制定财务决策时需要仓库和中间级维修组织机构的资产可视性。

图4-12　沙利卡什维利执掌的参谋长联席会议

⑦物资控制处和物资统一管理机构。为了满足用户的需求，确定采购数量，补足物资量，并制定修理和淘汰决定，物资统一管理机构需要他们直接管理的所有批发级资产的可视性，也就是其主要物资控制机构需要辅助物资控制机构的全资产和需求的可视性，而辅助物资控制机构需要主要物资控制机构的全资产和需求的可视性。物资统一管理机构必须能够获

得其管理的所有进出货物的物品和装运信息，也需要国防再利用和销售机构在仓库和中间级维修设施内处于修理中的物资可视性以及这些设施所持有的剩余物资的可视性。此外，还需要政府供应的物资、承包商后勤保障、计划管理部门的物资、部队级物资和零售物资以及需求的可视性。

⑧武器系统管理机构。武器系统管理机构需要新武器在向部队运输途中的信息、零部件在运信息和运输中携带的说明书的可视性，也需要有助于武器系统计划、部署、管理的仓库和中间级维修物资的详细的可视性。武器系统管理机构需要国防部资产和需求的可视性，以便评估后勤保障能力和监视物品的使用情况。

步骤三：构建描述各个节点之间信息交换矩阵，内容包括信息描述、信息源、信息目标、信息交换属性。

下面以一个简单的例子来说明 JTAVS 运行体系结构某一个部分的构建过程，以部署为例：

第一步，确定与部署有关的关键任务流程，并将关键任务流程分解成各项子活动。

第二步，确定子活动的各个节点，即使用者的信息需求。

第三步，利用信息交换矩阵对该信息需求进行描述，见图 4-13 所示。运行体系结构的分析结果被用来制定联合全资产可视化的系统体系结构。信息交换矩阵是运行体系结构的最重要的产品，因为它表达出了任务、运行要素和信息流之间的关系。对信息交换需求格式修改后，可使信息交流需求直接同联合全资产可视性的定义建立一定的联系。这种方法可使信息交换需求按逻辑排列进行分类，能够包容所有需求并消除多余的需求。

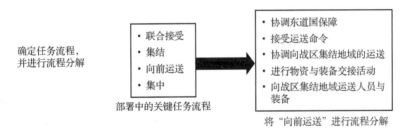

图 4-13　JTAS 运行体系结构的构建过程

（2）系统体系结构。系统体系结构视图说明多个系统如何连接和互操作，且可以描述在这个体系结构中的特定系统的内部结构和运行。系统体系结构视图把系统的物理资源和它们的性能特征与运作体系结构及由技术体系结构所定义的标准提出的要求联系起来。JTAVS的系统体系结构见图4-14。

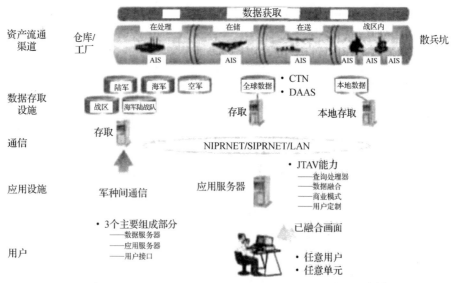

注：AIS—自动化信息系统；ATAV—陆军全资产可视性；DAAS—国防自动化寻址系统；DBSS—国防血液标准系统；DFAMS—国防燃料自动化管理系统；DLA—国防后勤局；CTN—全球运输网；LAN—局域网；JTAV—联合全资产可视性；JTF—联合特遣部队；NIPRNET—非安全互联网协议路由器；SIPRNET—安全互联网协议路由网；USMC—美国海军陆战队

图 4 - 14　JTAVS 的系统体系结构视图

4. JTAV 的实施进展

根据美军之前公布的《陆军战略后勤发展计划》（2002 年版），2005 年美军基本实现联合全资产可视化，2010 年全部实现联合全资产可视化。图4-15为美军万物物联全资产可视化具象图。

图 4 - 15　美军万物物联全资产可视化具象图

美军联合全资产可视化系统主要有七个子系统，见图 4 – 16。

图 4 – 16　美军联合全资产可视化系统

（1）在运物资可视化系统。该系统是实现联合全资产可视性的关键，它由美军运输司令部（见图 4 – 17）负责管理，可对物资从运输起点（仓库或供货商）到终点进行跟踪，以便提供物资在运途中及各个位置的信息。该系统也可用于对乘客、伤员及个人财产进行追踪。整个在运物资可视性网络已于 1995 年在欧洲开通。目前，在欧洲战区的各边境关卡、铁路终点站、桥梁和基地均装有射频询问机。该机收集射频卡上的所有物资运输信息并将其发送给射频回收机，后者又将信息转送给位于德国曼海姆的运输途中可视性服务器，并同时传送给美国本土中心数据库。经批准用户均可利用个人计算机、调制解调器和电话线路进入全球运输网络。边远地区可通过海事卫星系统进入全球运输网络。该网络负责提供获得"在运物资可视性"数据通道。

图 4 – 17　美军运输司令部及其下属司令部标志

（2）战区联合全资产可视化系统。该系统可为各级司令官提供进出战区或战区内的所有资产信息。它包括所属部队现有的、在运途中的、回撤的和已请领的资产，还包括预置的、内部转运的战争储备，以及战区储备和国家储备的资产。该系统 1996 年已部署到美军驻欧司令部和美国中央司令部，1997 年部署到美军大西洋司令部，1998 年 2 月部署到美军太平洋司令部。

（3）联合人员可视化系统。该系统是联合全资产可视性系统的一个组成部分，包括紧急行动人员可视性、非战斗人员后送跟踪系统和伤病员医疗跟踪分系统。它负责向联合特遣部队司令官和总司令官提供全部人员相关情况的可视性，特别是紧急行动中人员的可视性。它不仅能向指挥员提供展开部队的数量，而且还能提供有关该部队的一些特点，包括必要资料、语言技能和专业特长等。此系统已在波斯尼亚"联合努力"行动中进行了试验。非战斗人员后送跟踪系统已在韩国进行试验，它可向特遣队司令官提供一种能对非战斗人员进行统计和跟踪的手段。这三个系统可对驻扎在世界各地的美军部队和人员状况提供可视性。

（4）陆军全资产可视化系统。此系统可提供整个陆军的全部资产信息和其他后勤数据。它包括标准陆军零售补给系统、世界弹药报告系统、陆军战争储备部署系统、标准军产登记系统、器材司令部标准系统等。该系统能以完全透明的方式，向用户及时提供从战略级到战术级的全部信息。此外，全资产可视化数据源还可提供部队核定数据、装备拨发基数计划、采购信息、优先分发顺序和编目数据。该系统已成功用于索马里、卢旺达、海地的军事行动，美军在波斯尼亚的"联合努力"行动中也使用了它。图4-18为美军在"联合努力"行动中首次使用最新型运输机C-17。

图4-18　美军在"联合努力"行动中首次使用最新型运输机C-17

（5）美国本土作业联合全资产可视化系统。此系统旨在实现军种间的可修资产可视性及对这些资产的重新分配。目前，它已在陆军器材部所有零售供应设施、海军陆战队零售供应设施、海军库存品控制站和部队司令部的一个零售供应设施实施。

（6）医疗器材全资产可视化系统。医疗项目经理办公室已完成了驻欧美陆军卫材中心与驻欧美军司令部之间在联合全资产可视性方面的初始对接。美陆军医疗器材局正在设计联合医疗资产信息库，该库是一个建立在联合全资产可视化之"预定结构"与"战区医疗信息计划"需求基础之上的共用数据服务器。

（7）弹药全资产可视化系统。关于国家级弹药可视化倡议的资金已到位，并于1998年1月已经启动实施。联合全资产可见性办公室与有关方面协商后签署了一份备忘录，备忘录明确了弹药可视化倡议与弹药管理标准系统对国防后勤的重要作用，并指出二者互为补充，不存在相互重叠或竞争的问题。

4.2　美军弹药装卸搬运

装卸搬运是美军弹药保障的重要环节，美军十分重视该环节机械化、自动化水平的提高，并在装卸搬运手段的研制上投入了大量人力和经费，取得了显著成效，其机械化作业水平和弹药保障能力显著提高。

4.2.1　弹药装卸搬运的手段

美军运用多种类、多功能机械装备依需求进行弹药装卸搬运，特别是在实现装卸搬运机械化的过程中，其作用显得更加重要。这些装备包括起重机械、搬运车辆以及与之配套使用的各种工具和器材，人工作业的各种人力机械和工具（见图4-19～图4-21）。现服役于美军各军种的野战装卸搬运装备，都是根据各军种不同的需求与特点而专门配置的。美军将在岸滩与陆地进行搬运作业的装卸搬运机械称为多功能后勤装备。

图 4-19　美军在伊拉克使用的叉车

图 4-20　美军履带式叉车

图 4 - 21　美军越野叉车

美军现有的弹药装卸装备有 6K、10K、M4K - B、M6K - B、M13K、72 - 31M、M72 - 31F、50K 等型号的越野叉车和 6K 伸缩臂越野叉车、ATLAS 全地形越野叉车等。

1. 6K 伸缩臂越野叉车

最大起重质量为 3 000 kg，最大提升高度为 10.2 m。该叉车于 20 世纪 90 年代初装备美军后勤部队，主要用于从军用货箱及 ISO 集装箱内卸下标准托盘。该车的主要优点是可以不进入集装箱，其吊臂可旋转 50°，操作方便，而且平均循环时间只需 1 min，作业效率较高。

2. ATLAS 全地形越野叉车

最大起重质量为 5 000 kg，最大提升高度为 6.5 m。该叉车主要用于野战条件下集装箱内托盘集装物资的掏箱、装箱作业，对汽车装载的箱装、托盘集装物资进行装卸作业，也可作为普通野战叉车对各类集装物资进行装卸、拆码踩和短途搬运作业，并可用作短途牵引车，是目前美军装备的主要系列装卸装备。

3. M4K - B 越野叉车

最大起重质量为 1 800 kg，最大提升高度为 2.45 m。该叉车是目前正在美军服役的越野型箱内作业叉车，是为 ISO 集装箱内装卸物资而设计的。货叉能自由提升、侧移，较大的侧移量能方便地在集装箱内进行掏箱、装箱作业。该叉车配有牵引杆，可牵引；为满足空投和直升机运输，专门设计有标准的系捆装置和支架；装有高通过性越野轮胎、标准传动装置和防空灯；具有货叉液压旋转和前、后桥断合功能。

4. M6K - B 铰接式越野叉车

该叉车最大起重质量为 2 700 kg，最大提升高度为 3.05 m。该叉车一端与载重车相连，具有动力旋转、侧移和叉间距调节特点，现主要装备于海军保障部队。

5. M13K 铰接越野叉车

该叉车最大起重质量为 5 900 kg，最大提升高度为 1.98 m。该叉车主要用于美国空军，是针对 C−130 运输机而设计的，叉斗可装在腰梯上，并可拆卸，可由 C−130 运输机运输。该叉车可装卸搬运美军小型组合式集装箱和大型空箱集装箱。

6. 72−31M 越野叉车

该叉车最大起重质量为 4 500 kg。该叉车具有轻巧灵便、速度快、装卸效率高等特点。目前主要用于美海军陆战队保障部队。

7. 10K 越野叉车

该叉车最大起重质量为 5 000 kg，最大提升高度为 3.66 m。该叉车主要用于在前方机场从 K 型装货机和货运飞机上卸下空军 4631 专用托盘（2.24 m×2.7 m）。该叉车为连杆前移式越野叉车，也可为平板车装卸托盘。

8. 50K 越野叉车

该叉车最大起重质量为 2.5 万 kg，最大提升高度为 2.74 m。该叉车具有滑架侧移和门架侧倾等装置，可从顶部装卸 20 ft[①]、35 ft、40 ft 的集装箱，并可同时搬运两层集装箱。涉水深度 1.52 m，可在滩头作业，在沙滩地具有较高的通过性和泥地牵引性，其后桥的摆动可使轮胎在任何地面行驶。

9. 多地形集装箱搬运装置

美国第 1 军支援司令部第 403 运输连在阿富汗"持久自由"行动中，采用了新型先进的 RTCH−240 多地形集装箱搬运装置。该装置具备旋转 180°伸缩臂、安全锁装置以及内置式计算机化故障诊断装置，提升能力为 2.4 万 kg，可将集装箱放置三个高度。诊断装置可使操作员搬运装备时不用担心伸缩臂倾斜或伸长超长，因为不安全时，它可自动使发动机停转和卡滞运行。

10. 随车吊

安装随车吊的专用车辆，不仅具备自装、他装功能，而且扩展功能多，可配备各种专用属具，完成不同类型的作业。美军主要在火炮牵引车和越野运输车上安装随车吊，解决 1 t 北约标准化托盘的装卸问题。

4.2.2　弹药装卸搬运的特点

美军弹药装卸搬运技术从 20 世纪 90 年代基本实现机械化之后仍在不断发展，至今已经拥有能够满足不同工作、环境要求的各种功能的装卸搬运设备，并呈现出以下特点：

1. 装卸搬运系统标准化、规范化，配套合理

美军从机械化作业考虑，以军用标准对物资的包装形式、质量、大小提出要求，并对不同物资的单元化、托盘化、集装化形式，托盘尺寸，集装箱的结构、尺寸及所用装卸搬运设备等做出规范，在物资储运各部门配合相应的集装器材和装卸搬运设备，使物资流通中的每一个环节合理配套，从而保证在任何情况下物资的供应效率都能保持在较高的水平。

2. 装卸搬运设备种类多，功能强，技术先进

从 20 世纪 80 年代开始至今，美军一直不断开发研制大量的新型军用车辆和地面支援装备，包括集装箱运输车、各种类型叉车和吊装设备等，装卸设备以叉车和起重机为主，特别是叉车，除通用叉车外，还大量使用野战叉车。这些叉车按门架结构形式分，有垂直门架

---

① 1 ft = 0.304 8 m。

式、连杆前移式、液压伸缩臂式等；按动力分，有柴油型、汽油型、液化石油气型和蓄电池型等。叉车的起重能力从 1 t 到 6 t 不等，最大可达 25 t 以上，既能对火车车厢和集装箱内的弹药托盘进行作业，也能对集装箱本身进行作业，可以说在物资供应保障的各个环节都有相应的设备来实现机械化作业。而且，鉴于现代战争对装卸搬运设备越野能力和机动性能的要求，美军采取了有效措施以提高装卸搬运设备的越野能力和机动性能，如增大最小离地间隙、采用液力变矩器与变速箱相结合的传动形式、全轮驱动、提高叉车附着重量、采用高通过性轮胎等，这些措施有效地提高了叉车的越野能力。此外美军在野战条件下还大量使用吊车（起重机，见图 4 – 22），如配备给美陆军师师属弹药直接保障连的 7.5 t 越野吊车。

图 4 – 22 美军使用的战场拖吊车

3. 装卸、储存、运输一体化、合成化，机动迅速、效率高

美军现行弹药分发系统不仅需要大量运输车辆，而且中间还要经过移载和转运，因此近年来集装卸、储存、运输于一体的托盘化装载系统即整装整卸车得到了迅速发展（见图 4 – 23）。这一系统运载量大，操作简单省力，其高机动性使其可在储存大量弹药的同时，随部队快速移动，为部队提供实时的伴随保障。

图 4 – 23 美军整车整装整卸

4. 广泛采用民用装卸搬运设备、技术，选型直接、改进合理

美军除专门研制军用装卸搬运设备外，还大量采用民用技术，有效利用地方成熟的技

术，不仅省去专门研制开发的经费和时间消耗，使零备件供应和维修得到保障，同时与民用设备相互适应，有利于战时的民间支援（见图 4 – 24）。另外地方的市场化运营方式也使得装卸设备的技术能够及时更新，适应不断变化的要求。

图 4 – 24　美军利用叉车装搬卸弹药

4.2.3　弹药装卸搬运手段的新技术

大量新型装卸搬运机械设备的使用，组成了美军高效、强有力的自动化、机械化弹药保障体系。出现在近期美军几场局部战争中新的海上装卸平台、机场装卸平台以及野战化托盘装载系统，体现了美军机械化装卸搬运的巨大作用，现将其中一些装备技术、平台系统介绍如下：

1. 海上装卸搬运平台（见图 4 – 25）

（1）大型机动登陆浮动作业平台。这种平台实际上是一种拥有巨大水下平甲板的搬运船，满载排水量为 4 万 t，全长 190 m。船的前部拥有长 150 m、宽 50 m 的平甲板，利用这一平甲板可以装载超重弹药（如导弹、鱼雷等）并进行搬运。大型浮动登陆平台与运输舰接舷后，大型平甲板所搭载的登陆艇等便可以接收从运输舰上卸下的弹药及物资，从而大大提高装卸率。登陆艇等可以往返于海岸与运输舰之间，实施弹药物资的双向运输。

（2）联合登陆浮动作业机动平台。这是一种将大型浮动平台小型化、简易化的海上平台，从外观和构造上看像是运输舰在航海时携带的联结型驳船。运输舰停泊于海上基地区域，用吊车将联合登陆浮动作业机动平台从舰上卸下，平台与运输舰横向连接，作为弹药物资装卸作业场使用。联合登陆浮动作业机动平台虽然十分简单，但却能够在 3 ~ 4 级海况下使用。

（3）自动化全天候货物装卸系统。这是一种离岸式集装箱操作设备系统，它能够同时为两艘集装箱船和几艘驳船服务。该系统能够在高海况和气候恶劣的条件下，完成传统技术无法实现的卸载任务。该系统具有机器人式的智能伸缩梁（ISB），可以实现 6 个自由度的运动，这使起重机在高海况下航行的船舶上也能够完成安全有效的操作。

2. 机场装卸搬运平台（见图 4 – 26）

（1）25K 平台。这是一种自驱动的物资装卸输送平台。它能举升和输送 3 个 463 L 托盘

图 4 - 25　美军海上装卸搬运平台

或者 2.5 万 lb 的物资。它的货物托架可以升降和前后倾斜，可以根据机舱地板进行调整。货物托架也能够左右摆动。沿平台长度方向，托架安装有多排锟子，这些锟子用于输送托盘化物资，也可提供一个连续、光滑的平面用于装卸非托盘化物资。

（2）25KTAC 平台。该平台与 25K 平台功能相近，同时还具有在未铺装坡道作业功能。它能够在不平整的地面举升 2.5 万 lb 的物资，而在平坦的铺装路面最大可以举升 3.8 万 lb 的物资。25KTAC 平台通常可以装卸 3 个 463 L 托盘，通过扩展，它可以装卸 5 个托盘。TAC 平台可为 C - 130、C - 141 和 C - 5 运输机装卸物资。

（3）40K 平台。它能够举升和输送 4 万 lb 的物资，其托架可装载 5 个 463 L 托盘。40K 平台托架可升降、前后倾斜和左右摆动。40K 平台配备可拆装的安全护栏、人行道、梯子和 463 L 系统所需导轨和锁止装置。

（4）60K 平台。新型 60K 平台装卸能力达到 6 万 lb。它将逐步取代装卸能力为 4 万 lb 的平台。60K 平台能够一次运送 6 个 463 L 托盘，收拢后可驶上和驶下 C - 5、C - 17 和 C - 141 运输机，并能为所有军用或商用运输机实施装卸作业。60K 平台还具有较小的转弯直径、更高的车速以及大大提高装卸效率的机械化辐子等优点。同 40K 平台相比，60K 平台的可靠性提高了 5 倍，作业效率提高了 150%~350%。

3. 托盘化装载系统——整装整卸车（见图 4 -27）

奥什科什车辆是美军有代表性的整装整卸车辆（亦称托盘化装载车辆），它由一辆 M1074 或 M1075 卡车、一辆 M1076 拖车和两个可拆卸的货床或"平板货架"（M1077）组成。卡车上有一个配套完整的液压装卸系统，用来给卡车和拖车装卸平板货架，每个平板货

图 4 – 26　美军机场装卸搬运平台

架能装 16.5 t 货物，每个系统的总装载量为 33 t。卡车配有 500 hp[①] 柴油发动机，采用 10 轮驱动和中央轮胎充放气系统。装卸货物不需借助任何辅助设备，仅驾驶员一人在 1 min 内便可完成一次装（卸）作业。为使整装整卸车辆能够运输一般物资和集装箱化货物，美军为平板货架研制了各种功能增强装置，使整装整卸系统适应特殊类型货物的运输。

图 4 –27　美军整装整卸车

4.3　美军弹药包装

大量高新技术装备的研制和投入战场，使战场更加透明，精确制导武器使打击目标的准确率空前提高，战场的隐蔽和隐身十分困难。后勤保障线又是首要和主要攻击目标，弹药保

---

①　1 hp（美制）＝0.746 W。

障过程的隐蔽防护尤为重要。同时，大量高新技术弹种的涌现，使弹药的技术含量越来越高，传统的防护包装已很难满足弹药自身防护和战时保障要求。除传统的防潮、防湿、防震动、防跌落等要求外，还要充分考虑防静电、防电磁、防辐射、防红外等新的战场环境因素，这些新的战场环境因素对弹药性能及战时保障效能的影响直接关系到战争的胜负，所以对弹药特别是高新技术弹药采取综合防护包装是现代战争弹药保障的必然趋势。图4-28为美军弹药包装箱。

图4-28 美军弹药包装箱

4.3.1 包装对弹药保障的影响

弹药装备的保障涉及诸多方面，但由于弹药自身特性，其储存寿命平均约为十几年，因此其自生产出厂到使用或报废，弹药的大部分寿命是在储存和运输中度过的。在此过程中，弹药包装作为弹药的承载体与防护体，对弹药装备的保障和战斗力的发挥起到了重要的作用，其性能直接影响着弹药装备的安全性、储存性、运输性和配套性。

1. 包装对弹药装备安全性的影响

弹药装备的安全性是指在运输、储存、检测等勤务处理过程中或发射时不出现自燃、早炸、膛炸等安全事故的能力。

弹药由于其自身具有燃爆特性，在受到外部环境力作用时，可能会意外发火，引发安全事故。科学的弹药包装可以对弹药起到隔离和防护作用，提高其安全性。其原因一是减缓弹药质量的下降速度，使其保持较好的战术技术状态；二是减少外部环境对其产生的影响。例如防潮隔热和密封包装可以降低温湿度对弹药元件和火炸药的影响，防止性能变化，从而避免引发早炸、膛炸等事故发生；电磁屏蔽包装可以降低外部复杂的电磁环境诱发的意外发火事故；防静电包装可以防止因静电放电而产生的自燃自爆事故。

2. 包装对弹药装备储存性的影响

弹药装备在全寿命周期中，处于储存状态的时间最长，因此弹药装备的储存管理是弹药保障中一项非常重要的工作。储存过程中，弹药装备的装卸、搬运、堆码和翻库又是其中非常重要的环节，工作量和劳动强度非常大，如果弹药包装设计得不合理，与搬运设备不兼容，就不能采用机械作业，只能通过士兵采用手搬肩扛这种原始的方式来实现，就会严重影响搬运的效率。

在堆垛的过程中，还可能造成库房内堆码时很难达到规定的堆积高度，并会出现堆垛晃动失稳的现象，不仅影响了库容的充分利用，而且有可能因倒垛而引发危险（见图 4 - 29）。相反，科学的弹药包装可以大大减小储存管理的难度。如果弹药包装的规格设计合理，就可以利用统一的托盘实现集装化或集装箱化，便于机械作业，提高弹药收发的效率。另外弹药包装如果采用射频技术和条码技术，就可以实现弹药的自动判读和识别、自动收发，具有方便、准确、快捷等特点。

图 4 - 29   美军弹药库房内堆码

此外，弹药包装还可以防止弹药装备在储存过程中受到环境应力的影响而出现质量下降或变性的现象。目前的弹药储存主要包括后方仓库储存和野战弹药仓库储存。后方仓库中的温湿度环境一般都能够满足弹药储存的要求，但在野战条件下，自然环境比较恶劣，弹药容易受到温度、湿度、盐雾腐蚀性气体、微生物、冲击震动及电磁辐射等影响。如果弹药包装不合适，对环境的影响不能起到很好的防护作用，就可能导致弹药金属元件锈蚀、装药受潮、电子元件受潮失效等后果，从而使弹药降低或失去使用效能。因此，要采用科学的包装方式和材料，通过一系列防护技术和措施，以有效地解决弹药自身与环境之间的基本矛盾，保障弹药装备的良好储存状态。图 4 - 30 为美军用库房装备摆放。

图 4 - 30   美军军用库房装备摆放

3. 包装对弹药装备运输性的影响

包装对弹药装备运输性同样具有很大影响，每年都有成千上万吨的弹药通过铁路、公路及其他运输方式，由工厂运往仓库，或由仓库运往部队，以满足部队训练和作战使用。由于战时弹药消耗量大，弹药的运输更是弹药保障工作中的关键环节。根据有关规定，出于安全的考虑，弹药在运输装载时必须采用横装的装载方式。由于弹药种类繁多，现有弹药包装的适配性较差，按照该要求进行装载时，很难100%地利用车厢的容积，有的弹药在装载时，甚至浪费1/3 ~1/2 的有效容积，从而导致运力不足且造成了极大浪费。图4 –31 为美军利用叉车搬运弹药包装箱。

图 4 –31　美军利用叉车搬运弹药包装箱

同时，有的弹药包装箱自重过大，有的质量甚至超过弹药自身的质量，造成了运力的浪费。此外，在运输过程中，弹药会受到比较严重的振动冲击，甚至可能会出现不慎跌落的现象，较大的冲击作用可能会使某些弹药解除保险，引发事故。由此在弹药包装设计中，不仅要充分考虑弹药装载运输方式、包装的自重等因素以提高运输效率，同时还要注重震动或冲击防护性能。

4. 包装对弹药装备配套性的影响

弹药装备的配套性是指弹药在规定的使用条件下，能随时满意地投入使用或根据要求能随时作好战斗准备的能力。这不仅要求弹药的各部分元件技术文件具有配套性，弹药的包装同样要满足配套性，主要包括外包装、内包装和弹药包装的密封性等。如果弹药的包装不满足装备的配套性要求，可能造成弹药在储存运输或携运行过程中，受到外部环境的影响而致使质量或性能显著下降，从而影响弹药装备战斗力的发挥。

由于弹药包装对提高弹药保障效能具有非常重要的意义，因此，美军不断研究开发新技术、新材料以实现弹药防殉爆、防电磁、防红外等综合性的防护要求。美军研制的一种同黏结剂混合在一起的复合材料具有很好的吸收冲击波和减震性能，而且质量轻、多孔，可进行铸塑。把这种材料填充弹药包装容器中，不但可防止同一容器中弹药发生殉爆，而且可防止相邻容器产生殉爆，较好地解决了由于弹药的集装而可能带来的新问题。美军研制的雷达波和红外隐身材料等已陆续应用于装备，而且正与英、法等国共同研究开发一种高能量、低特征信号和低敏感的隐身吸波材料，并已经用于"响尾蛇"等武器中。美军已经研制成功的各种光化学功能材料、隐身材料、导电功能材料、纳米材料等正在逐步推广应用于弹药的生产、包装和储运中，为实现通用弹药的综合防护包装提供了技术保证（见图4－32）。

4.3.2　美军弹药包装发展历程

多年来，美国在世界各国驻军，推行全球战略，从越南、海湾、阿富汗、科索沃到伊拉克，美军大量的弹药、武器军事装备运往世界各地，其军事物流的长处主要在于借助其"二战"后实现的包装方法标准化，即MIL－P－116《封存包装方法》这一军用规范。该军用规范经过历年来的多次修订完善，除了明确的包装方法，对于封存包装工艺也有相应的程序规定，并且形成了系列标准文件。美军将弹药作为最重要的军用物资，采用最佳的防护方法进行封存包装。

归纳美军弹药包装发展历程大致为5个时期。

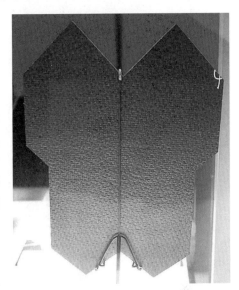

图4－32　应用于B－2隐身战略轰炸机的韧性导电隐身材料

（1）20世纪40年代到50年代，鉴于第二次世界大战弹药包装不善的教训，以加强弹药的内包装防护为主，并形成一套军用包装方法。

（2）20世纪50年代到60年代初，对包装的装卸、运输、方便性有了认识，除继续配套完善军用包装方法之外，对装卸运输环境进行了大量的研究，并建立了相应的包装测试方法。

（3）20世纪60年代到70年代初，是美军军用包装大发展时期，包装开始向托盘化和集装化方向发展。

（4）20世纪70年代后期到80年代，围绕着适应现代战争的要求，提高部队快速反应能力，在弹药包装改进方面又做了大量的研究工作，对塑料包装弹药有了新的认识，大量研究工作专注于弹药用吹塑成型的包装箱筒，大有取代金属包装箱筒和纸筒的趋势。

（5）20世纪90年代至今，是美军军用包装的信息化发展时期。通过对国防运输系统进行数字化改造，充分运用信息化装备，依托网络环境和各类指挥自动化系统，实现弹药和军用物资可视化运输和远程调拨。与此同时为适应现代科技战争的需求，对高价值弹药开展特殊包装防护研究，比如弹药、武器装备防电磁包装、防热红外隐形包装均得到了应有的重视（见图4－33）。

4.3.3　美军弹药现行包装现状

1. 枪弹包装（见图4－34）

美军枪弹包装有配装和散装两种方式，配装发数与武器一次装弹量吻合。散装数量为10发，便于计数分发。两种包装方法均从内包装、外包装到单元组合包装（托盘）形成体系，适应机械化装卸运输和储存的要求。拆散托盘后便于携行，临战使用方便。步枪枪弹装入弹夹或子弹带，机枪枪弹装入弹链，作战时打开包装便可使用。

图 4 - 33　美军运输弹药过程时的包装样式

图 4 - 34　枪弹包装

2. 手榴弹、枪榴弹包装（见图 4 - 35）

美军的手榴弹、枪榴弹包装，一般是纸筒内包装，木箱外包装。具体包装方法是单个装入纸筒内，筒盖和筒体结合处粘贴压敏防水胶带。25 个纸筒装一个木箱，然后托盘组合包装。

图 4 – 35　手榴弹包装

3. 定装式弹药（口径 37 mm 以上）包装（见图 4 – 36）

美军口径 37 mm 以上的定装式弹药种类很多，包装方法可分为两种，即密封防潮包装（方法 1）和密封防潮加干燥剂包装（方法 2）。内包装绝大多数为螺旋绕制的沥青纸筒，其余有部分金属筒和塑料筒，外包装则以木箱和丝捆木箱为主，然后托盘组合包装。

图 4 – 36　定装式弹药包装

4. 步兵携行弹药包装（见图 4 – 37）

这类弹药包装多为一发一筒，多筒一箱，若干木箱构成一个单元包装形式。其中，60 mm 迫击炮弹、81 mm 迫击炮弹采用塑料包装。81 mm 迫击炮弹在越南战争时曾采用过纸筒浸蜡的丛林式包装，这类弹药包装存在的主要问题在于纸筒启封后不易恢复密封，浸蜡包装在东南亚战场累累发生石蜡受热融化现象，易于失去密封防潮作用，且不易装取。

图 4 – 37　步兵携行弹药

5. 大口径分装弹药包装（见图 4 – 38）

美军弹药口径在 120 mm 以上的后膛炮弹均为分装弹，且分装弹大部分为弹丸、药筒、引信分别包装。155 mm 以上口径弹丸采用多发木夹板包装；药筒用沥青纸筒或金属筒密封包装；引信用铁盒包装，盒盖有黑色硅橡胶密封圈，盒内衬聚乙烯塑料垫；底火则用防潮包装袋包装后再装入金属筒中。

图 4 – 38　大口径弹药转运

6. 战术导弹包装（见图 4 – 39）

美军战术导弹的包装采用密封防潮加干燥剂的方式，包装容器一般用钢、铝合金制造，也有少数用铝塑复合包装袋封装加丝捆木箱包装。从发展趋势看，应是铝代替钢，塑料、玻璃钢代替金属，以力求减轻包装质量，缩小包装体积，简化包装结构。用铝合金、钢质容器加软质防潮包装袋进行两级密封防潮控湿、现湿包装，包装容器上安装气压调节阀，以适应高空运输，确保导弹性能。

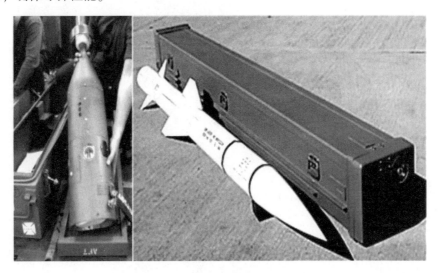

图 4 – 39　高价值弹药金属包装箱

7. 引信包装（见图 4 – 40 和图 4 – 41）

各种炮弹、火箭弹引信的包装，遵照美军用标准 MIL – P – 60412B 的规定。A 级包装通常是 8 个引信装入一个 M2A1 钢皮箱，箱内装有干燥剂。2 个钢皮箱装一丝捆木箱。钢皮箱为铰链搭扣大开盖形式，便于开启装取，关闭箱盖仍可再次密封。箱内设有泡沫塑料托架，将 8 个引信分开支撑固定，起到防震限位的作用，托架为高密度聚乙烯注塑低密度发泡成型。

图 4 – 40　MK82 型 500 lb 航空炸弹，弹体上方弹药箱中储存的是配用引信

图 4 - 41　MK82 航空炸弹引信

4.3.4　美军弹药现行包装特点

美军弹药包装主要有以下特点：弹药包装一般采用内外包装结合的方式，根据弹药价值或重要性的不同，对内外包装采取不同级别的防护措施；内包装绝大多数为螺旋绕制的沥青纸筒，还有部分金属筒和塑料筒，外包装则以木箱和丝捆木箱为主，见图 4 - 42。

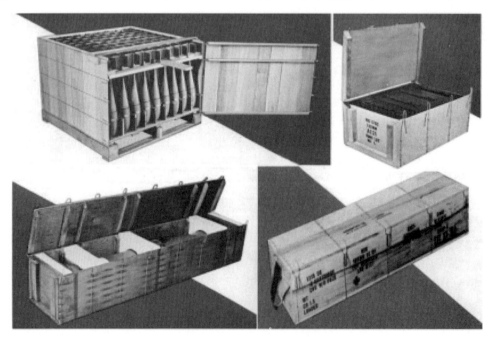

图 4 - 42　丝捆木箱包装

一般采用单个内包装，有利于根据用量启封。弹药包装均采用托盘单元组合包装（见图 4 - 43），以利于弹药的装卸储运和管理；美军通用弹药的包装单元只在托盘材料上有区别。

图 4 - 43　炮兵用弹药托盘化包装

空军、陆军用木托盘，海军只使用金属托盘，这主要是为了隐蔽，使扔掉的托盘不至于漂浮海面而暴露目标。此外，美军弹药用托盘规格与北约国家实现通用。

总体来说，美军的弹药包装比较先进，但在有些方面也还存在一些不足。比如 155 mm 以上口径弹丸包装未作任何防护，而美军作战战线长，战地散布区域广，弹药的储存环境复杂恶劣，导致很多弹药锈蚀十分严重。仅欧洲局部战地，因变质而只能修理用于训练的，每年有 3 000 t 左右，严重变质只能运回美国销毁的每年达到 2 000 t 左右（见图 4 - 44）。另外，由于这类弹药包装强调防护性能，而从方便使用的角度来看，就存在诸如包装体积大、耗材多的问题；而且由于多数内包装纸筒和外包装木箱均为一次性使用，因此包装废弃物多。近年美军有人抱怨，现行的弹药包装是一卡车弹药便产生一卡车废料，临战时费时费力，拖延弹药的准备时间，不利于部队的快速反应。

图 4 - 44　美军销毁弹药

4.3.5 美军弹药包装发展趋势

1. 弹药包装向功能性防护方向发展

（1）弹药干燥封存包装发展迅速。在弹药包装中，温湿度是造成产品腐蚀、降解、变质、破坏和丧失使用功能的重要原因，弹药的最佳储存相对湿度是45%～55%，要确保这一相对湿度以适应库房以及战场阵地的储存，美军认为简单地依靠包装封存方法1尚有不足，因为该方法有可能成为"保潮包装"（见图4-45）。因此，美军对包装封装工艺进行了严格的控制，对具有一定含湿量的包装零部件采取驱水处理，即将包装零部件放在一个比较干燥的环境条件下吸取这些零部件外表面和内部的水分，使这些包装零部件处于一个相对湿含量较低的状态里。与此同时，人为控制包装的装配环境，使相对湿度保持在40%以下，这样就可避免把湿气装入密封的包装容器中，对包装产品的长储更为有利，这是其一。其二大量采用方法2，使弹药处于密封干燥的微环境中，可适应任何储存条件的要求。国外不少国家对此均持认同观点，普遍认为干燥空气包装封存是既经济又行之有效的方法。干燥空气封存方法已大力推广到坦克、火炮以及飞机封存包装上，节省了大量人力物力，减少了故障发生的平均时间，而且快速启封投入战斗，这是美国三军对于干燥空气包装封存的共识。

图4-45 即将销毁的锈蚀弹药

（2）弹药包装向多功能性发展。高价值弹药对包装提出了更多的要求，从而促进了包装设计向多功能化方向发展，也促进了包装工程技术的发展和创新，这一直是美军弹药包装的着力重点。新型弹药包装需具备以下功能：智能型高密封性、电磁屏蔽性能、防静电性能。

（3）弹药包装向储、运、发一体化包装方向发展。为满足战场快速反应要求，美军对一些特殊的价值较高的弹药采用储、运、发一体化包装方式。利用发射筒、发射器装入炮弹后采用包装特种密封措施，使内装炮弹在储存、运输过程中始终处于密封保护的状态。使用发射时利用尾部喷出的燃气流冲破后密封装置，弹头顶开前密封装置，炮弹出膛正常飞行不受干扰。爆炸螺栓弹簧盖、易碎盖、预制应力线密封膜片、橡塑应力槽盖等是弹药储、运、发包装的多种结构形式，这些包装结构满足使用要求，适应快速反应，具有较高的技术含量。

（4）隐身包装受到重视。武器装备的隐形技术移植到包装功能防护上是美军的尝试和发展动向。隐身包装包括目视隐身、雷达隐身、红外隐身三个级别，一是针对高价值产品的包装，二是针对战地储存，后者以隐身伪装棚布为主（见图4–46）。

图4–46　MCS（多光谱伪装系统）布料

2. 大力采用新型包装材料

木箱包装的强度高，但一直无法解决密封的问题，同时受环保的限制，资源有限，因而必须发展新型材料加以替代。随着塑料改性材料力学性能的提高，吹塑成型双层高密度聚乙烯塑料筒、箱的兴起，引信、小口径弹药的包装铁盒已逐渐被取代。WR/Grace &CO 公司研制了一种新型的 105 mm 炮弹塑料包装筒，由纸筒和塑料筒两部分组成，内筒为圆管纸筒，用于缓冲和吸湿，外筒为塑料筒，用于密封和提供强度。该包装筒在结构设计上也有独到之处，方便开启，堆码稳定，在装卸、运输过程中密封部位不会被外界碰撞而影响密封性。

对于质量大或者长的弹药产品，美军一致认为用玻纤增强塑料箱代替铁箱是基本途径（见图4–47）。玻纤增强材料有强度高、耐腐蚀、耐冲击、抗老化、透湿率低、工艺成熟、价格适中、密封性好等特点，被广泛用于制作反坦克导弹、反坦克火箭的发射筒，强调包装、储存、运输、发射一体化（见图4–48）。

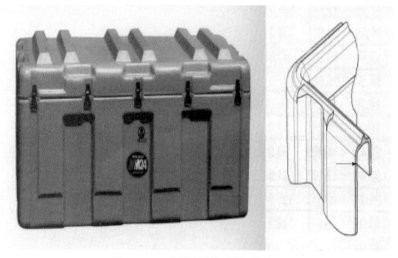

图 4 - 47　美军新型塑料包装箱

图 4 - 48　单兵携行储、运、发弹药包装

3. 军用包装向托盘集装化发展

弹药托盘集装化具有装填量多，管理、使用方便和节省运输费用等优点。美国是率先使弹药包装大型托盘化的国家，皮卡汀尼兵工厂率先制造了可装 86 发 62 mm 火箭弹的大型托盘木箱，以代替装 45 发体积相差不多的 3 只木箱，又制造了可装 42 发 105 mm 炮弹的大型木箱以取代装弹数相同的 21 只普通木箱。美军陆军研制出了大型丝捆木箱，该箱用作外包装箱，能容装 38 发用沥青纸筒包装的 105 mm M490 反坦克教练弹，总质量为 1 103.4 kg，体积为 1.328 m^3，它与旧包装相比，包装质量减少了 14.1%，体积减少了 7.5%，节省材料 59%，该容器还可以用于其他坦克弹药的包装。英国称为 ULC 的弹药储存和运输容器已经研制成功，这种容器用金属制成，容积为 1.9 m^3，可装 105 mm 炮弹 33 发，另外还可用于 81 mm 迫击炮弹、105 mm 炮弹、120 mm 炮弹、155 mm 末制导炮弹的包装，金属箱内使用

塑料型腔，更换不同的型腔即可包装不同的弹药。这种多用途的集装化的弹药包装方式已得到多个国家的认可。不拆托盘直接开盖取弹，机动、灵活、快捷，是适应现代战争的创新弹药包装。

集装箱运输具有安全迅速、防护性能高、可简化包装、节省包装费用等优点，近些年来，美军集装箱的数量逐步增多，使用范围不断扩大，现在正在开发可以从顶部和侧面打开的新式集装箱。美军还成立了集装箱运输弹药和导弹的执行小组，任务是改进衬垫和紧固办法，降低集装箱的费用，力争实现 100% 用集装箱运输弹药。现在美军运往欧洲的弹药 80% 都采用军用集装箱运输。在海湾战争时期，美军使用了 37 000 多个约 20 t 军用、商用集装箱，把军用装备器材运送到作战地区。

事实上，除美军之外，德国也开发了一种新型的全敞开式集装箱，既经济实用又灵活方便。该集装箱由 2 个侧壁、1 个顶盖和 1 个端壁组成，属于外罩式结构，一个人可在 40 s 内推开外罩，使其除去闭锁而自动升起，降低了高度，在运输时不受低矮桥梁的限制，并可在顶部和两侧方便地装卸货物。美军已采购了这种集装箱。

4.3.6　美军弹药包装启示

我军的弹药包装经过多年的发展，有了长足的进步，但是还存在着系列化标准化通用化程度低、防护功能不匹配、勤务方便性较差等不足。从美军弹药包装发展来看，为了提高我军弹药包装性能，增强弹药装备保障的能力和水平，我军需要在四个方面着手，见图 4 - 49。

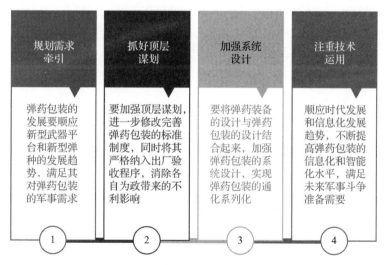

图 4 - 49　美军弹药包装启示

1. 规划需求牵引

随着武器装备科技水平的发展，各类新型作战平台正在或即将装备部队，例如远程火箭炮武器系统、攻击无人机平台、航母作战平台等，这些新型武器装备平台的出现，极大地提升了我军的武器装备水平，增强了我军的军事实力。由于各类新型武器平台都配用了不同功能不同型号的弹药，例如远程火箭炮武器系统就配用了末敏弹、云爆弹、杀爆弹等多类弹种，航母作战平台配用了舰炮弹药、航空弹药等各类弹药，因而对弹药保障水平提出了更高的要求。此外，现代战场日趋恶劣的电磁环境，以及未来电磁脉冲弹、高功率微波弹等新型弹种的出现，对我军智能化弹药的安全性和战场生存能力也提出了严峻挑战。因此，弹药包装的发展要顺应新型武器平台和新型弹种的发展趋势，满足其对弹药包装的军事需求。

2. 抓好顶层谋划

目前的弹药包装箱（筒）的结构尺寸和标准都未完全统一，即使同一种武器所配用的弹药包装也不尽相同，这在一定程度上是由于缺少顶层谋划，生产厂家各自为政造成的，给弹药的储存运输和管理带来了诸多不便。要想解决这个问题，首先要加强顶层谋划，由总部相关单位组织专家，根据弹药装备的发展现状和信息化发展趋势，充分考虑储存运输检测等勤务处理各个环节对弹药包装的要求，进一步修改完善弹药包装的标准制度，并将其作为评定弹药装备性能的重要技术指标，同时将其严格纳入出厂验收程序，消除各自为政带来的不利影响。

3. 加强系统设计

目前各弹药生产厂家比较注重弹药本身的设计和研制开发，但在弹药包装设计方面投入不够，存在重弹药轻包装的思想，从而制约了弹药包装技术的快速发展。由此，要将弹药装备的设计与弹药包装的设计结合起来，在弹药的设计定型过程中，要尽可能考虑弹药包装的要求，将弹药包装的标准制度、铁路运输规定、弹药试验规定等都纳入弹药包装的设计中，加强弹药包装的系统设计，实现弹药包装的通用化系列化。

4. 注重技术运用

科技的发展日新月异，各种新材料新技术新工艺不断涌现，因此弹药包装也要顺应时代发展和信息化发展趋势，加大集装化、组套化、可视化等技术的转化应用，不断提高弹药包装的信息化和智能化水平，提高其防潮、防热、防静电、防电磁干扰等性能指标，为我军更好地开展弹药保障业务工作，加快弹药装备的战斗力生成模式转变，满足未来军事斗争准备需要提供可靠保障。

4.4 美军弹药保障信息化

信息技术的飞速发展和在弹药保障中的应用，使实现弹药的远程调拨和保障过程的可视化成为弹药保障发展的新趋势。

美军将自动识别技术应用于托盘、集装箱、集装袋、托架等弹药包装容器中，将弹药的编码、件数、种类、标识等储运信息储存在相应的射频卡中。各级保障部门通过电子读卡器读取卡内信息，并将信息输入相应的业务管理信息系统中。管理、储运、保障等业务管理系统实现信息共享，可以近乎实时的速度确定各类弹药的准确地点、数量和状态，适时制定采购、调拨、运输、补给计划，实现弹药的准确补给和适量储备。

美军弹药保障中应用自动识别技术、全球定位技术、卫星遥测技术等先进的电子信息技术实现了弹药保障过程的可视化。美军通过射频卡、光储卡、二维或三维条形码、设置在战区内运输线上的固定或手持读卡器、安装在运输车辆上的全球定位系统、自动化的运货系统等，实现了弹药储存、运输，弹药数量、品种及各种保障状态的可视化。各级保障指挥机关通过信息系统和数字地图，可实时标定在运在储弹药的品种、数量、位置和运输路线；可根据战场保障需求情况、在运弹药反馈信息等及时调整保障方案，使各个环节和保障资源始终处于可控状态和高度的机动保障状态，真正实现"适时、适地、适量"化保障，极大地提高了战时保障力，使弹药的保障迈入了以信息技术为主导的信息化时代。

在伊拉克战争中美军使用射频卡、光储卡等作为储存媒介，使集装弹药的各种数据信息得以准确及时处理，从而使在海陆港口堆积如山的成千上万的集装箱、托架、空运货架等迅速转移至目的地。在战区物资补给线上设置的诸多装有"电子读卡器""自动识别系统"等的"关键点"，使运往全球40多个国家、400多个地点的集装弹药全部实现了可视化运输（见图4-50）。

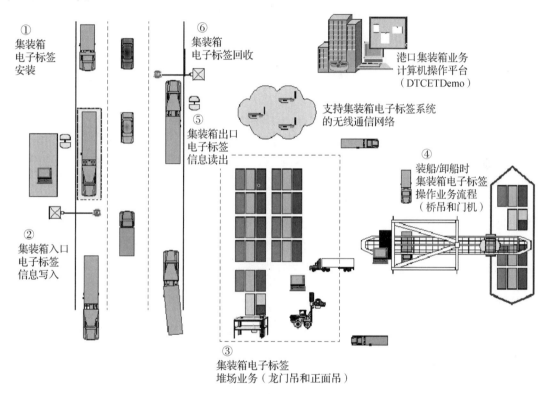

图 4 - 50　可视化后勤保障系统

4.4.1　美军保障物联网系统

1. 美军保障物联网系统建设的"三个阶段"

美军保障物联网应用与系统建设大致可以划分为应用引入阶段、系统建设阶段和集成优化阶段。每一个阶段的表现和重难点均不同。

（1）应用引入阶段。在应用引入阶段，射频识别、微传感器、全球定位等单项或多项技术在某个具体领域得以引入和应用，体现为物联网的物理层（包括物品、设施、网络）建设上。这一阶段的难点在于将新技术与原有业务模式进行有机结合，并真正使其先进功能得以体现。美军这一阶段起始于20世纪90年代初，以海湾战争后射频识别技术在后勤领域的逐步引入为标志，从最开始在部分军种（陆军）、部分环节（在储资产）、部分领域（物资、弹药）的引入与试点，到2005年已要求所有物资供应商必须使用射频识别设备，2007年除散装物资外的所有物资必须粘贴被动式射频识别标签，经验不断得以完善，范围不断扩大。

（2）系统建设阶段。在系统建设阶段，针对特定领域应用需求构建包含物理层、应用层（业务层）、系统层（控制层）在内的物联网完整体系。这一阶段的难点在于实现各层级以及内部模块之间的功能匹配与流程衔接，通过系统建设，特别是应用层与系统层之间的对接，能够实现特定业务流程的优化与相对"固化"。美军这一阶段起始于20世纪90年代中期。一方面，围绕全资产可视化能力建设，各军种、各部门分别新建或改建了相关的业务管理系统，涵盖了从物资供应到装备维修直至人员财产登记等各个环节和领域，实现了各系统内部的可视化。另一方面，通过采用标准化的数据项，推行电子数据交换（EDI）标准与信息系统建设规范，启动了旨在建立数据共享能力的一体化数据环境（IDE）建设，改革相关业务流程，合并与集成相同领域的信息系统，大力推动以"全球作战保障系统"（GCSS）为代表的一体化信息系统建设，将现有的后勤管理框架，指挥和通信程序以及相关信息系统融合成一个整体。

（3）集成优化阶段。在集成优化阶段，具体体现为多个业务系统（应用层）之间的对接融合与功能集成，以及跨业务支撑平台（物理层、系统层）的功能优化与能力提升。这一阶段的难点在于如何打破特定业务与功能模块的既有界限，实现流程再造与功能创新。工作重点在于一体化资源环境（资源层）与一体化控制系统（控制层）的能力提升，及其与各业务系统（应用层）之间的融合集成。美军这一阶段起始于上世纪末本世纪初，集中体现在GIG（Global Information Grid，全球信息栅格）的建设上。主要分为三个阶段：第一阶段截至2003年，主要是按照已有的全球信息栅格初步设想对现有的栅格和设施进行集成；第二阶段截至2010年，主要是在各军种、兵种内实现全球信息栅格功能；第三阶段截至2020年，主要是实现陆、海、空三军的互联、互通、互操作，完全建成全球性的信息栅格。美军致力于依托GIG的建设与应用，通过系统集成，将所有的物资设施、武器装备、作战部队、保障力量、指挥机构整合为一个网络化的、相互连通的有机整体（见图4-51）。GIG的建成和应用，将充分发挥出系统融合后的倍增效应，使包括物资后勤保障能力在内的体系作战能力得到质的提升。

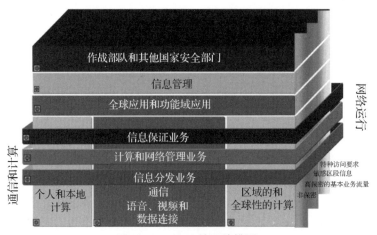

图4-51 GIG的系统模型

需要指出的是，由于物联网至今仍在不断发展演变，美军在物联网相关技术应用与系统建设方面，实际上体现出"滚动发展、交替升级"的特征，上述三个物联网系统建设阶段之间存在着循环继起的关系，比如当射频识别技术、卫星定位技术、网络通信技术与数据库技术已经进入集成优化阶段时，传感器网络正处于系统建设阶段，而融合了微电子系统与射频识别技术的智能传感器标签可能仍处于应用引入阶段，从而使三个阶段表现出一定的交叉与重合关系。

2. 美军保障物联网建设的"三项原则"

在整个美军保障物联网系统建设过程中，美军遵循了以下三项原则：

（1）需求导向、应用牵引。针对消除"资源迷雾"，解决海湾战争中后勤保障暴露出的资源保障的盲目性与低效率问题的需求，美军采取科学调研摸底的方式，对民用部门已经使用和正在研发的，以及可能出现的用于驱除"资源迷雾"的相关技术（如射频识别技术）进行了全面调查，从而得出了实现资产可视化技术条件已经具备的重要判断。在此基础上，对全资产可视化系统各级用户的需求（实质上是各业务环节对系统中数据的需求）进行了详细的分析与分解，包括终端用户的需求、作战司令部的需求、指挥部门的需求、物资管理机构的需求等从战略到战术各级的需求，明确需求为全资产可视化系统的建设指明了方向，避免了系统建设的盲目性和脱离实际。与此同时，美军在实施"全资产可视化"项目的过程中始终遵循"应用牵引"的原则。一方面，通过先期概念技术演示验证来检验系统（概念）原型的合理性与可行性，从而对其进行修正与进一步完善；另一方面，通过先期技术演示验证来发现（试验）系统在实际应用过程中可能遇到的问题，从而改进、补充与提高性能。

（2）边开发、边应用、边改进。美军先后通过在战区一级的部署（如驻欧洲、韩国、日本、夏威夷的部队以及司令部），阿富汗、伊拉克战争以及反恐行动中的应用，不断发现存在的问题，并持续予以质量改进。在项目建设上，特别是业务分系统的建设上，遵循"分步实施、重点突破"的原则，科学合理地确定了优先建设顺序。通过选择在储资产可视化作为建设的突破口，能够在相对较短的时间内、以较少的投入实现系统的可操作化，并充分利用已有资源和能力（如原有的统计报表、管理系统和业务人员），取得较为理想的"投入—产出"效益，一方面增强了用户对新系统的信心，另一方面则通过尽早投入使用发现问题、予以改进（见图 4 - 52）。与之相类似，美军在各军种资产可视化建设的优先顺序上坚持以陆军为优先，因为与海军相比，陆军物资供应与管理面临的不确定性与风险相对较小，与空军相比，陆军对物资供应的时效性与管理费效比的要求相对较低。而在各类补给物资的可视化建设优先顺序上，坚持以军种间消耗品可视化为优先，则一方面便于集成各军种之间的共性需求，形成规模效应，另一方面也为下一步军种间系统集成积累了经验。而在战略级可视化取得经验的基础上向战役级和战术级可视化逐步推广，在物资可视化取得经验的基础上向装备、人员、财务等其他各类保障资源逐步推广，体现出同样的建设思路。

（3）统一组织、融合集成。"统一组织"首先体现为组织统一。早在 1993 年 3 月，美国国防部部长办公室就组建了国防部资产可视化一体化小组，作为全资产可视化建设工作的推进机构。1998 年 6 月，美军正式成立了联合全资产可视化委员会，作为指导美军全资产可视化建设的最高领导机构，并将联合全资产可视化执行单位由原来的美国陆军改为国防后勤局。集中统一的领导体制为项目有效实施，特别是跨部门、跨军种之间的协调提供了组织保障。其次，体现为资源统一。美军早在"二战"之后，就实现了物资编目系统建设的正规化和统一化，建立起"国防部统一领导，业务部门具体负责，专门机构承担实施"的科

图 4 – 52　万物网络化可视化的物联网

学体制，为全资产可视化项目的实施奠定了良好的前期基础。最后，体现为规程与标准统一。美军在全资产可视化建设过程中，不仅注意在组织管理上形成各种规范性文件，如规章、程序与制度，在相关技术（如射频识别）开发与应用上采用统一标准，还特别注意数据标准的一致性问题。美军于 1995 年 12 月公布了新的国防部电子数据交换标准，除要求新开发的系统要严格遵循新的电子数据交换标准外，还制定计划并投入巨资对原有系统进行数据改造，以适应新标准的要求。数据交换标准的统一，解决了系统之间的互联互通与互操作的关键"瓶颈"，从而为全资产可视化项目的实施，特别是从"全资产可视化"到"联合全资产可视化"的拓展提供了可靠的保障。

　　"融合集成"首先体现为系统内部集成。在储资产可视化建设上，尽可能地利用现有资源与工作基础，并通过系统架构、业务流程的优化设计，以及一体化数据环境的构建（如数据接口、标准规范、数据中心），对现有信息系统中的可用部分进行升级改造，同时实现与新开发信息系统的融合集成。其次，体现为系统之间的融合集成。坚持以军种间消耗品可视化为优先，实现了不同（军种）系统之间类似功能模块的融合集成，从而为下一步的功能拓展与系统集成奠定了基础；以全球作战保障系统（GCSS）建设为依托，实现了对各层次、各环节管理职能及相关信息系统的综合集成，形成了全军一体化的、统一的信息系统。最后，体现为跨系统融合集成。以"网络中心战"思想的提出为标志，将全球指挥控制系统（GCCS）、全球作战保障系统（GCSS）、全球运输网（GTN）等系统和联合全资产可视化系统（JTAV）都纳入了"全球信息栅格"（GIG）系统建设之下（见图 4 – 53）。

　　3. 对我军保障物联网建设的启示

　　国外军事电子信息系统的发展经历了从独立系统到联合系统、再到网络系统以及复杂系统（SoS）的发展过程。美军将军事电子信息系统看成是多功能系统的组合，从 20 世纪 60 年代始到 20 世纪末，相继发展了 C2、C3、C3I、C4、C4I 以及 C4ISR 等系统，在"武士" C4I（C4IFTW）计划和"信息球"建设需求牵引下，继续开展了信息基础设施（DII）、全球信息栅格（GIG）以及联合信息环境（JIE）的建设（见图 4 – 54）。

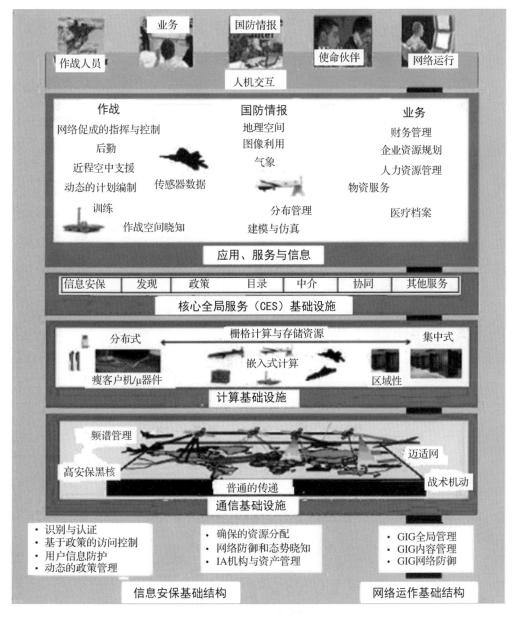

图 4 - 53　GIG 体系结构

在此情况下，借鉴美军在军事电子信息系统发展建设的先进技术和成功经验和基于此的保障物联网应用和系统建设的做法，无疑对于当前我军军事保障物联网建设十分必要。在建设过程中应重点把握五个问题，见图 4 - 55。

一是要注重顶层规划，加强统一领导。如前所述，物联网应用和系统建设是一项系统工程，涉及诸多问题，既有思想上的，也有技术上的。首先，应树立正确的认识。不能将物联网应用仅仅看作某一项或者某几项技术在军事保障中的应用，而要从系统的角度、全局的层面来谋划技术的应用。这样一来可以理顺建设各个层级的关系和流程，为实际建设扫清障碍，二来可以节约有限的经费，加快推进建设步伐。其次，军事保障物联网的建设需要进行

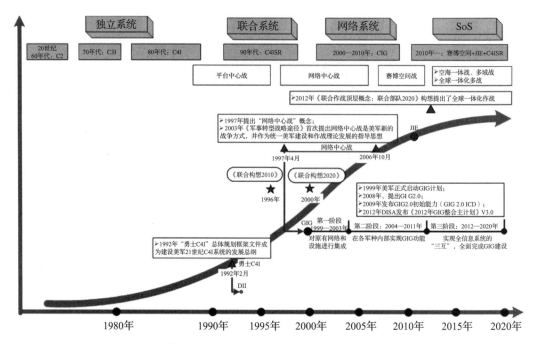

图 4 - 54　美军事电子信息系统发展历程

图 4 - 55　对我军保障物联网建设的启示

科学的论证与规划。要对当前我国和我军的信息技术的应用情况进行摸底，根据我军军事保障信息化建设的阶段和现状进行科学的分析和判断，通过先期概念技术和先期技术演示验证相关方案的可行性，从而为规划制定提供切实可靠的参考依据。最后，军事保障物联网的建设要做好顶层设计和统一领导。应从全军层面进行统一组织和领导，并成立专门机构予以推动实施，从而使军事保障物联网的建设工作能够做到顺利、有序与高效实施。

　　二是要夯实基础性工作。从美军保障物联网建设的做法可以看出，夯实基础性工作是军事保障物联网实现互联互通互操作功能的前提。夯实基础性工作的核心就是要统一物联网关键技术应用的标准和规范。例如，建立全军统一的物资编目系统和"电子标签"系统的应用规范等。通过打牢基础性工作，既能够避免浪费，节约经费，也有利于加速推进军事保障物联网的建设，减少建设过程中面临的障碍和阻力，促进不同信息系统之间、各军兵种之间的互联互通，提高利用军事保障物联网进行联合保障的效率。

　　三是进行客观细致的需求分析。军事物流物联网可知、可视和可控功能的实现离不开对用户需求的科学分析和定位，只有充分了解用户需求并在此基础上进行准确的分析和判断，才能避免系统在建设过程中的盲目性和脱离实际。如上文所述，美军的全资产可视化系统就是从每一个环节开始，从战术层到战略层，依次对用户需求进行了详细的分析和分解，最终逐步明确了需求，从而为系统建设指明了方向。当前我军军事保障物联网建设也要在现行体制下，尤其是在业务环节，区分开协调与协同、指挥与管理等职能，对不同层级的需求进行客观细致的调研分析，从而了解真正的需求在哪里，进而明确如何满足这些需求。

　　四是进行科学高效的管理。军事保障物联网的建设是一项庞大的系统工程，要求跨部门、跨业务领域、跨指挥系统实现各类工作程序、数据库、自动信息系统、通信网络、政策法规的结合和一体化。要完成这样一项复杂的、工作量巨大的系统工程，就必须以科学的管理理论为指导，充分协调好各项工程之间的关系，充分利用有限资源加快建设进程。因此，在建设时首先要科学合理地确定建设的优先顺序，区分轻重缓急，分阶段地进行。其次要运用全项目管理理论指导建设，以满足项目建设的战略要求为目标，从项目建设的全局出发，运用系统理论和方法，对所有建设项目及资源进行总体规划、综合计划、全程控制，以实现整体效益最优。

　　五是建立科学有效的评价标准。通过建立科学的衡量尺度，对项目建设的情况进行准确的评估和评价，从而不断予以改进，最终促进保障物联网系统建设日趋完善，功能不断提高，保障力日益提升。

第 5 章
美军弹药储备

5.1　美军战备物资储备

战备物资储备是军队后勤保障工作的重要组成部分，在军事行动开始阶段的物资保障中具有无可替代的作用。从 20 世纪 90 年代后的几场局部战争来看，战争突发性、快速性、高耗性增强，对后勤保障工作提出了前所未有的要求，保障难度空前增大。这一变化无疑对战备物资储备工作提出了更高要求。通过对外军的战备物资储备进行研究，可以为我军后勤保障改革提供参考，具有极强的现实意义。其中，作为发达国家代表的美国，在这方面的一些思路和做法无疑代表了战备物资储备发展的大趋势，具有较高的参考价值。

5.1.1　美军战备物资储备发展历程

对现代美军战备物资储备发展战略的认识，可以以 20 世纪 90 年代冷战结束为分界点划分为冷战时期和冷战后两个阶段来研究。"二战"后，世界逐渐形成以美、苏两个超级大国之间的核战略对峙和将核威慑作为战争与和平的大背景为基本内容的"冷战"时期的两极格局（见图 5 - 1）。在这种格局下，打赢新的一场世界大战是世界各国军事斗争准备的重点，各国都将储备足够的油料、武器、弹药和装备零配件等主战物资作为战备物资储备工作的重点，积极推进后勤准备工作，并在预定作战方向积极进行集物资、医疗、修理等功能的综合配套后勤基地建设。

图 5 - 1　美苏冷战

美国为了提高在全球范围内的快速反应能力，先后在本土和欧洲、日本、韩国等世界热点地区建立了大量的后勤保障基地并储备了作战装备和物资，实行"摆摊设点"的层层储备的做法，以绝对的储备数量形成后勤保障能力，这种后勤保障结构以大量的超前配置、向前接近并依赖于巨大的存货为特征，以"无限制供应"和"越多越好"为指导思想，最终结果是囤积的物资越来越多，战备物资储备总体规模不断扩大。这种大规模的战备物资储备与当时美国准备应对一场世界大战的军事战略是完全一致的，可以称之为"大规模前沿部署型静态储备"，完全适应了当时的国际政治环境。

20 世纪 90 年代初，随着苏联解体冷战结束，世界格局走向多极化，和平与发展成为世界主题，以科技与经济为基础的综合实力竞争成为国际竞争的主要内容。随着国际政治格局的转变，世界进入一个相对稳定的和平发展时期，世界各军事大国纷纷将军事变革纳入国防发展战略，积极推进军事变革发展。在这场新军事变革中，美国始终走在前列，积极将作战规模定位于打赢在世界任何地方同时爆发的两场局部战争，并将军事部署从冷战时期的"前沿部署"转为"前沿存在"与兵力投送相结合。

这些变化随即引起了后勤配套改革，使后勤保障任务相应转变为保障打赢局部战争，后勤部署从原来的热点地区前沿部署转变为依托本土的正常部署。为提高后勤保障的机动性和快速反应能力，在战备物资储备方面美军积极推进海上预置储备建设，将成套武器装备和各类补给品按作战部队建制预先储备在船上，并部署在便于机动的某些地区。冷战后的这种战备物资储备战略可以称为"规模适当的前沿存在型动态储备"，能够较好适应当前国际政治形势。

5.1.2　美军战备物资储备主要思想

1996 年，美参联会在《联合构想 2010》提出了"聚焦后勤"的概念。2000 年 5 月，美参联会为应对 2015 年后美国将面临的各种挑战和潜在的全球性对手，又提出《联合构想 2020》，进一步明确了"聚焦后勤"的后勤保障思想。"聚焦后勤"是美军新军事革命的产物，是美军后勤革命的重要内容。2004 年，美国国防部发表《适于作战的感知与响应后勤》，提出了"感知与响应"理论。感知与响应后勤是美军在现代后勤转型过程中的产物，也是继"聚焦后勤"理论之后美军的又一个后勤理论，具有里程碑意义（见图 5-2）。

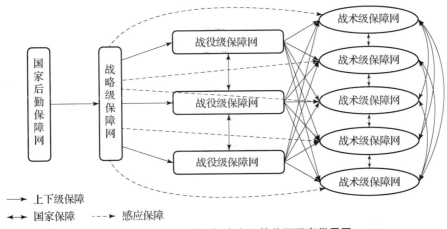

图 5-2　基于"感知与响应"的美军军事供需网

这一系列纲领性文件中体现出的美军有关战备物资储备建设的主要思想见图 5 – 3。

图 5 – 3　战备物资储备建设的主要思想

（1）适当规模库存。美军认为当前他们受到的威胁的性质正在不断改变，技术的进步和商业经营方法的创新要求对目前的库存态势重新加以评估。通过调整军兵种和总部的库存，利用经过改进的经营方法和信息技术，以达到缩短反应时间，减少存储和搬运费用，同时提高快速反应能力和加强部队战备的目的。

（2）战略预置。美军将装备预置作为兵力投送能力的基石。通过战略预置将战时物资保障工作尽可能放到平时来做，从而降低战时战略运输要求。为获得最大的战略利益，美军下功夫力争使装备预置同作战计划和分阶段兵力部署表相一致，并尽量使预置中用到的自动化手段与战时使用的全球指挥与控制系统、联合全资产可见化系统和运输协调员自动化信息管理系统相兼容，从而提高预置的保障效率。

（3）数量重要。在关乎美国利益的战略地区保持大量物资储备是美军重点强调的思想。美军认为通过大量的物资储备形成有形威慑是美国力量和影响的象征。在建设未来部队时，美军强调前沿储备物资的数量在应付地区突发事件时的重要地位，认为足够数量的补给平台使海军部队能够打造美国利益攸关地区的环境。

（4）次要物资重新定位。美军对战争储备次要物资的投资在"规划目标备忘录"中被排在优先等级最低的一类中，这一定位必须服从那些对战备有更大影响的和主办单位权威的项目。在建立战争储备方面，国防计划要求各军种做到：采购和配置重要资产，以最大限度增强作战能力；只修理确实需要的装备；采购新的或需要增补的物资以填补储备上的空白，提高联合作战能力和生存能力。这一思想就是要通过建立精确的需求预测程序，将投资重点放在提高战争储备和其他能缓解需求的能力建设上，并对各类保障中的风险进行科学评估。

（5）主要供应商供货方式。这种供应保障方式是绕过传统的物资筹措、储存、运输等环节，由民间商业企业在 24 h 至 48 h 之内直接将物资送到部队手中。

5.1.3　美军战备物资储备主要举措

美军战略物资储备主要举措见图 5 - 4。

图 5 - 4　美军战备物资储备主要举措

（1）充分利用地方资源和优势。美国国防部提供的大部分后勤保障通常来自其建制仓库、物资管理中心和基地后勤机构。但是，由于资源的减少和为了保留维持战备所必需的核心职能，美国国防部正在扩大其选择范围，更多地使用商业部门作为后勤保障的提供者，提出了"主供货商方案"。这种方案起初是为给养和卫材设置的，但现在已逐渐用于其他一些保障，包括承包商保障武器系统、承包商直接运送补给品以及基地的日常保障勤务等。

（2）实施国家库存管理战略。2006 年，国防后勤局在其转型路线图中推出了"国家管理库存"战略。在此之前，国防后勤局和各军种物资管理机构按照自己的业务范围来管理本系统的各层级的储备。此战略实施后，国防后勤局和各军种职能机构一起为各军种的后勤需求提供精心的库存解决方案，以减少其冗余库存，从而在不降低保障水平的前提下，减少国防部总的库存量和库存管理费用，并直接减少各军种的投资。国家库存管理战略给储存管理带来的效益是全面减少国防部库存费用；在总部级和部队级消除冗余库存，使各军种能为其他用途重新分配投资；由于有了单一的库存管理者，联合全资产可见化大大提高。该战略不仅对储存环节有重要影响，而且对补给流程产生连锁反应。其对整个补给链带来的效益是通过提高储备效率，缩短申请与补给的等待时间；整个补给链的控制水平和可见化的提高，有助于改善预测、减少延期交货并强化投资决策；与用户的伙伴关系更加牢固，以改善对用户的保障；与供应商的伙伴关系更加牢固，从而可在商业能力具有最大价值的地方对其予以利用。

（3）推行全球储备配置政策。与国家库存管理战略相配套的是国防后勤局的全球储备配置政策，以确保用最小的开销在正确的时间将正确的储备配置在正确的地点。基本措施有：一是集中式储存。打造战略配送平台，使之拥有在全球广度和深度内保障用户需求的库存。二是捆绑式储存。打造若干与用户配置在一起的配送中心，侧重于储存保障各军事设施常驻用户所需的物资器材。三是分散式储存。为每一战区及其部署部队设置前方储备站，保障本土以外的用户。

（4）优化储备资源结构。与全球储备配置政策相适应，美军推出了多样化的储备举措，以充分利用现有储备资源。一是依托系统外仓库进行储存。国防后勤局根据地理条件，一般是在便于辐射到"责任区"内各保障用户的地点，选择租用各军种的储存仓库进行物资储存，实施管理权、经营权、所有权适度分离的储存运作模式，达到了不求所有但求所用的效果。二是利用供应商的储存资源。美军借鉴企业的"零库存"经营管理模式，大力推广供货商直接送货，从而将部分物资，尤其是军民通用性强、货源充足的市场成品物资的储存事宜交给了市场，大大减轻了物资储存的"包袱"。三是实施预置储存。在国防部主要是参联会的统一协调下，各军种根据"本土投送"的要求，都在"热点"地区附近预置了足够初期投入部队在一定时段内使用的成套装备物资，提高了战争准备和应对的能力。

5.2 美军弹药需求环节

和平时期，储备足量科学的弹药至关重要。而战争时期，消耗最多的除了武器装备，就是弹药，因此弹药需求的确定更是至关重要。确定弹药需求是实施弹药保障的前提，是实现弹药精确保障的重要基础。美国陆军弹药计划的核心是有效的弹药需求供应，所有其他弹药职能均由实际需求推动。负责作战、计划、情报的副参谋长下辖有弹药管理部门，该部门负责弹药需求的确定、验证和批准流程。弹药需求必须是准确的、可审计的、透明的和经得起检验的，并且必须符合陆军条例 AR 5–13 的规定。图 5–5 为美军在搬运清点的弹药。

图 5–5　美军在搬运清点的弹药

5.2.1　弹药需求确定

弹药需求确定内容见图 5–6。

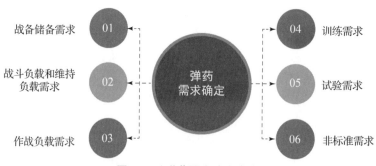

图 5–6　弹药需求确定内容

1. 战备储备需求

制定战备储备弹药需求是一个需要深思熟虑的规划流程，该流程对陆军年度定量弹药需求更新进行了详细规定，以满足陆军履行《美国法典》（见图 5-7）第 10 篇中所规定责任的要求。该流程产生了陆军对作战、当前作战行动、前沿存在和战略战备的弹药需求。在战区级战役模型中，该流程是国防部部长办公室所批准的作战司令部作战计划和多军种部队部署规划结构的体现，并对联合部队和联军部队的库存以及陆军条令和战术进行了整体考虑。弹药需求流程是一个受限的风险流程，需要与陆军立项和预算管理相结合。弹药需求流程仅提

图 5-7　美国法典

供了里程碑，批准项目记录的需求，不具有识别差距或所需库存的功能。

2. 战斗负载和维持负载需求

训练与条令司令部负责制定战斗负载和维持负载的弹药数量需求，并将其添加到总体弹药管理信息系统中。其中，战斗负载需求是指单兵、班组、武器平台、弹药运输车的标准弹药数量，而散装弹药的战斗负载则由安全风险代码（Security Risk Code，SRC）指定。战斗负载，要求能够满足应急行动和作战行动初始阶段的弹药需求。维持负载需求是指在部队获得再补给之前对其战斗负载进行补充的弹药。

3. 作战负载需求

陆军部小册子 DA Pam 350-38 规定了陆军的标准资源配置策略。上述策略可满足指挥官日常任务弹药需求，包括警卫部队、基层级和部队级任务、排爆任务，以及其他任务。上述需求在部队级别进行制定，由负责作战和训练的副参谋长进行验证，并添加到陆军总体弹药需求中。

4. 训练需求

训练弹药需求流程，是一个包含需求制定、验证和批准的综合流程。训练与条令司令部下辖部门负责制定所有训练策略，陆军弹药需求上校委员会（Army Ammunition Requirements Councils of Colonels）负责对保障上述策略的所需弹药进行验证。根据库存差距分析，训练与条令司令部战斗开发人员负责撰写联合能力集成和研发系统功能文件，并提交给陆军部作战和训练部门、能力集成办公室，以供其批准。在某项能力获得批准后，训练与条令司令部训练开发人员负责提出院校武器训练所需的教学大纲（Program of Instruction，POI），以及部队驻地和战斗训练中心（Combat Training Center，CTC）武器训练所需的训练委员会标准策略。陆军部小册子 DA Pam 350-38、训练委员会标准和训练与条令司令部教学大纲，均包含经批准的策略，以供部队、院校和卓越中心在对训练资源进行规划时使用。已批准武器训练策略的弹药资源也包括在陆军总体弹药需求中。然后，将陆军总体弹药需求列入给目标备忘录，以进行资源配置。图 5-8 为美军武器训练。

5. 试验需求

试验需求由司令部级别的管理人员负责管理，用于标准陆军弹药的试验。试验是一种动态活动，不利于标准计算，使得需求难以进行预测。陆军部训练弹药管理办公室（DAMO-TRA），通过对历史消耗率进行计算的方法来生成试验需求。为了提高准确性，在陆军部没

图5-8 美军武器训练

有生成更高平均预测值的情况下，试验客户需要使用近年计算的方法来产生需求。在需求制定过程中，试验客户需要与陆军试验与鉴定司令部和陆军装备司令部的人员共同确定，以确保需求的准确性。

6. 非标准需求

非标准弹药需求，是指不满足安全分类或陆军通用装备全面发放（Full Materiel Release，FMR）标准的弹药需求。非标准弹药的例子包括商业现货，例如简易爆炸装置模拟器和陆军射击队所使用的弹药。根据陆军条例 AR 5-13，对非标准弹药提出合理需求的陆军常规部队，需要通过指挥作战渠道向负责作战和训练的陆军部部门提交需求申请。

5.2.2 需求优先级确定

1. 需求优先级

需求和资金的优先级，可以通过多种方法和会议来确定，包括在陆军总体弹药需求中发布资金优先级、半年度的弹药定位评审（Munitions Positioning Review，MPR）和战略投资组合分析审查（Strategic Portfolio Analysis Review，SPAR），以及负责采办、后勤与技术的陆军助理部长所领导的武器系统审查（Weapon System Review，WSR）。弹药战争储备需求定量，以及训练和试验需求，共同生成了陆军总体弹药需求。

只有经过联合能力集成和研发系统批准的能力才属于陆军总体弹药需求，以用于远程资源分配。一旦陆军总体弹药需求包含了某项库存，就会为其制定资源需求。上述需求数量总和均在陆军总体弹药需求中，可在目标备忘录中进行资源分配。通过对全球弹药库存目标、年度授权和分配工作组进行验证的方法，例如陆军弹药总体授权与分配会议（Total Army Authorization and Allocations Conference，TA4C）库存目标工作组在总体弹药管理信息系统中的授权，可确定库存的优先级。

所有项目（包括弹药）的资金优先级，由陆军后勤部负责能力集成、优先级与分析局的副参谋长进行管理。上述资金优先级流程，需要与负责作战、后勤、财务的陆军副参谋长，以及负责采办、后勤与技术的陆军助理部长协调管理。

2. 作战行动风险

在负责作战、计划、情报的副参谋长的指导下，陆军弹药管理部门负责对全陆军的弹药管理进行整合。该部门负责对作战行动风险进行分析，以确定可降低陆军弹药库存资源配置的解决方案。以上内容包括对外军售（Foreign Military Sale，FMS）、出借弹药给国防部和非国防部机构等外来需求（见图 5 - 9）。负责后勤的陆军副参谋长负责提供后勤信息，以支持负责作战、计划、情报的副参谋长进行风险评估。

图 5 - 9　美军对外销售弹药

3. 作战需求说明

指挥官可以对陆军需求或当前陆军部库存中没有记录的弹药提出需求。在这种情况下，作战需求说明应该满足陆军弹药库存中目前的库存差距。作战需求说明应该通过指挥系统中的装备通用作战图，提交给负责作战、计划、情报的副参谋长和负责后勤的陆军副参谋长，以供其进行审查和分析。

作战需求说明在陆军条例 AR 71 - 9 中。在任务分析完成之后，部队特遣队或各级作战指挥官，需要使用作战需求对非标准或未规划储存（包括弹药）的迫切需要进行记录说明，以纠正缺陷或提高完成任务的可能性。

对于需要完成非标准任务，但是又没有相应装备的部队而言，作战需求说明特别有必要。此外，在采办、作战开发和训练开发机构之外，作战需求说明可为作战指挥官发起储存确定流程提供机会。作战需求声明不是联合能力集成和研发系统能力文件，而是对需求验证和近期需求资源配置的申请。图 5 - 10 为美军对库存航弹进行检查。

图 5 - 10　美军对库存航弹进行检查

5.2.3　需求生成

1. 初始文档和需求文档

研发新口径弹药或通用弹药的初始概念，可以由研发机构或用户提出。在确定陆军支持国防战略、国家军事战略和国土防御战略所需库存方面，联合能力集成和研发系统（Joint Capabilities Integration and Development System，JCIDS）发挥着关键作用。创建联合能力集成和研发系统流程的目的是，支持联合需求监督委员会（Joint Requirements Oversight Council，JROC）的法定责任，以对联合作战需求进行验证。通过对能力需求和相关绩效标准（研发和生产项目的基础）进行识别和评估的方式，联合能力集成和研发系统流程可支持采办流程，以满足上述需求。对联合能力集成和研发系统流程的能力需求，是目标备忘录的大部分驱动因素，具体包括制定保障新能力解决方案和野战保障能力解决方案。联合能力集成和研发系统流程始于成本效益分析。成本效益分析的目标是对用户提出的装备和非装备能力差距进行验证。

2. 需求生成与制定

国防部指示 DODI 3000.04 是各军种进行弹药年度需求估算的国防部总体流程和政策指南。国防部部长办公室负责对弹药需求流程（Munitions Requirements Process，MRP）进行监督。陆军总体弹药需求（Total Army Ammunition Requirement，TAMR）阐明了陆军弹药需求估计流程（包括战时需求，以及试验和训练需求）。负责作战、计划、情报的副参谋长下辖的弹药部，负责制定陆军总体弹药需求。

陆军用于估计战时弹药需求的方法是，陆军分析中心（Center for Army Analysis，CAA）进行弹药战争储备需求定量（Qualitative War Reserve Requirements for Ammunition，QWAR-RM）研究。弹药战争储备需求定量研究提供了陆军战时基于作战样式的弹药需求，以执行和完成弹药需求流程。通过弹药战争储备需求定量研究，陆军分析中心可与作战指挥官（Combatant Commander，CCDR）和陆军军种司令部规划人员进行协调，以确保陆军分析中心所建立的模型能够准确重现作战指挥官的作战计划（Operations Plan，OPLAN），并解决作战指挥官和陆军军种司令部的特有问题（见图 5 – 11）。

图 5 – 11　美军陆军分析中心进行弹药战争储备需求定量

弹药战争储备需求定量研究与训练和试验需求，共同生成陆军总体弹药需求。训练与条令司令部负责将训练策略、常规消耗以外弹药用量（如试射）和战斗负载（Combat Load，CL）整合起来。陆军试验与鉴定司令部和陆军装备司令部，负责提交各类型弹药试验需求，具体包括作战需求、研发需求、库存可靠性需求和武器重建需求。只有经过联合能力集成和研发系统批准的能力才属于陆军总体弹药需求，用于远程资源分配。一旦陆军总体弹药需求包含了某项能力，就会为其制定资源需求。上述需求与总和均在陆军总体弹药需求中，可在目标备忘录中进行资源分配。对于紧急作战需求，特别是对于陆军库存中没有的装备，陆军司令部可通过陆军需求和资源委员会（Army Requirements and Resourcing Board，ARRB）提交作战需求说明或紧急需求声明，以获得批准和资源。

3. 年度库存目标制定和批准

负责作战和训练的副参谋长办公室和陆军部训练弹药管理办公室，负责发布用于制定弹药需求和库存目标的年度指南。陆军条例 AR 5-13 中的指南，适用于所有陆军军种司令部、陆军司令部和直属单位（Direct Reporting Unit，DRU）。所有司令部均需要提交拟议的库存目标需求，包括美国本土外（Outside the Continental United States，OCONUS）的作战专项（Operational Project，OPROJ）需求、作战负载（Operational Load，OPL）需求、战斗负载需求，以及维持负荷（Sustainment Load，SL）需求。所有需求均要求使用总体弹药管理信息系统（Total Ammunition Management Information System，TAMIS）中的需求模块来进行制定和提交。战备储备（War Reserve，WR）、作战、训练和试验的所有弹药需求，均需要通过负责作战和训练的副参谋长下辖的弹药管理部验证。

5.3　美军弹药需求评估

弹药作为战争的基础物资，其重要性不言而喻，而弹药需求预计又是弹药保障的基础性工作，对于弹药筹措、储备、补给都具有牵引作用，准确预计弹药需求是弹药精确保障的关键，也是当前弹药保障研究的难点。美军在弹药需求预计领域已取得了比较先进的成果，通过研究美军弹药需求预计总体概况、美军弹药需求预计的关键技术以及其他军队弹药需求预计的动态，分析得到美军弹药需求预计的动向和主要特点，为我军弹药需求预计提供很好的借鉴，对于提高我军弹药需求预计能力具有重要意义。图 5-12 为美军在机场进行弹药转运装载。

图 5-12　美军在机场进行弹药转运装载

5.3.1　美军弹药需求总体研究概况

美军对弹药需求预计的研究可以追溯到 20 世纪初，分析了实战和作战模拟过程的弹药需求量，对弹药量按一天、一小时、一次战斗进行梳理。20 世纪 50 年代末 60 年代初，随着运筹学和系统分析技术等辅助决策工具的出现，弹药需求预计方法也随之产生了变化。经过近几十年特别是海湾战争以来实践的检验，美军对弹药等作战物资保障的建设日趋完善。

20 世纪 80 年代，美军进行弹药需求预计时已经初步采用了数字化方法。美军在《陆军弹药管理系统》中，计算了弹药的初始需求；在弹药、物资和人员的战时需求（Wartime Requirements for Ammunition, Materiel, and Personnel, WARRAMP）第四卷弹药后处理器程序维护手册中提供了战时弹药需求预计软件——弹药后处理器软件的程序处理和维护信息，包括对运行过程、操作环境和程序维护的详细信息，本手册中的样本运行流和程序源代码清单被应用于美国陆军概念分析机构的全球自动计算机（Universal Automatic Computer, UNIVAC）1100/82 上；用弹药分配系统（Ammunition Distribution System, ADS）评估日常弹药需求计划和紧急弹药需求，并讨论了支撑该系统的模型算法、数据库开发、接口要求和用户指南。此外，陆军概念分析局在计算补给弹药需求量时运用了层次模型，通过概念评估子模型（Concepts Evaluation Model, CEM）、作战样本生成器子模型（Combat Sample Generator, COSAGE）、消耗校准子模型（An Attrition Model Using Calibrated Parameters, ATCAL）以及弹药处理子模型（Ammunition Post Processor, APP）对作战情况进行模拟并预测弹药需求量。

陆军开发了国防标准弹药计算机系统（Defense Standard Ammunition Computer System, DSACS），来管理所有军事部门的常规弹药；空军开发了战斗弹药系统（Combat Ammunition System, CAS）；美国海军建立计算机之间直接传递数据的实时弹药管理信息支持系统，按照作战方案中的作战目标确定常规弹药需求量；美军用数据库方法来进行舰载弹药的管理，建立舰载弹药管理系统（见图 5-13）；《规划、编程和预算系统对海军陆战队弹药要求的限制》一文研究了海军陆战队弹药需求的产生和编程方法。《多发射火箭系统：弹药再补给挑战》一文在分区防御模型基础上对弹药再补给理论进行了分析，结合苏联和美国陆军的作战准则，制定切合实际的弹药再补给需求。

图 5-13　美军舰载弹药

进入 20 世纪 90 年代，美军弹药需求决策支持系统（Munitions Requirements Decision Support System，MRDSS）问世，MRDSS 是一个宏观决策支持系统，旨在帮助用户确定各种类型弹药的最佳弹药需求。在弹药、石油和设备需求的详细计算简报（Calculation of Ammunition，Petroleum，and Equipment Requirements，CALAPER）中，提供了相关机构计算弹药需求的详细程序说明，这一程序被用来研究战时弹药需求，以支持总部和陆军部决策。在此期间还出现了很多有关弹药需求预计的程序，诸如有关弹药的军队动员需求计划系统，舰载弹药库存、申请和报告系统，用户辅助军事行动计划工程（User - Assisted Translation of Operational Plans，UATOP）、战斗弹药消耗预测工程（Anticipating Combat Ammunition Consumption，ACAC）、基于能力的弹药需求（Capabilities - Based Munitions Requirements，CBMR）程序等。

美军在"二战"以后经历了数次局部战争，积累了大量可靠的作战数据，在弹药需求预计方面取得了丰富的成果，一直处于世界前列。21 世纪以来美军改进弹药管理办法，2004 年美陆军发布了《精确弹药混合分析》研究报告，系统评估了精确制导弹药的需求量，论证了美陆军能用的高精度武器及美陆军能否将其战斗条令和战术从火力压制型转化为精确打击型，并研究了满足作战需求时的精确制导弹药组合以及每种弹药的需求量。

美军在 2005 年的国防报告《弹药消耗研究》中分析了美军预计弹药需求量的能力，指出随着高性能武器装备的发展，弹药的毁伤能力和命中精度显著提高，现代战争中的弹药需求量骤然下降。这一点在"沙漠风暴"和伊拉克自由行动中得到印证，于是建议部队基于已有数据编制新的弹药需求计算表。美军在伊拉克撤军时，把收发弹药过程中生成的数据录入弹药数据库，并对弹药需求数据加以分析以预测未来可能的弹药需求量，从而合理确定弹药库存量。

近年来，美海军司令部发布了《弹药后勤》，介绍了地面弹药需求预计程序、航空弹药需求预计程序、危机行动与紧急情况下的弹药需求预计程序、主要军事行动与战役弹药需求预计程序以及联合作战下的弹药需求预计程序，文中还提及地面弹药作战计划系数的转换。作战部队进行弹药需求预计时，需使用作战计划系数来确定地面弹药需求；预测航空弹药中的非核弹药需求量时，必须使用海军行动最高指令（the Chief of Naval Operations Instruction，OPNAVINST）8011.9A 中的非核弹药需求预计程序，此程序基于敌目标威胁和作战能力来确定弹药需求量。

5.3.2 美军弹药需求预计关键技术

美军近几年的研究集中在改进原有算法、完善原有模型方面，将弹药需求预计工作向细微发展，逐步提高预计精确度。在通用弹药需求预计中，美军把重心放在了改进原有模型上，根据现代高技术战争的新特点新情况，建立新的弹药需求预计模型；在训练弹药需求预计方面，美军建立了多个不同类型的信息系统和数据库，以便及时获取训练过程中的需求量。下面列举几个目前已经掌握的美军弹药需求预计关键技术，见图 5 - 14。

图 5 - 14 美军弹药需求预计关键技术

1. 美军弹药需求决策支持系统

美军弹药需求决策支持系统（MRDSS）在宏观层面使用基于威胁程度的弹药需求预计技术，以支持弹药需求的快速周转和灵敏性分析，用户通过电子表格快速改变某些假设和约束，来观察对弹药需求量的影响。MRDSS考虑了针对坦克、装甲运兵车、两栖侦察车和其他威胁的直瞄射击和间接射击所消耗弹药量。用户需指定和分配威胁目标，将打击目标分配到操作台并匹配弹药，然后MRDSS根据弹药类型、一轮射击所需弹药量和射击回合数计算弹药需求量。

2. 战争储备弹药需求模型

美军在《美国海军陆战队地面弹药需求研究》报告中披露了战争储备弹药需求模型，即War Reserve Ammunitions Requirement，简称WRMR模型，描述了弹药需求确定程序。美国海军陆战队弹药需求程序的主要内容包括三个阶段，分别是数据收集阶段、弹药总需求计算阶段、弹药总需求验证批准与提交阶段。向模型中输入数据时，通过查阅《联合弹药效能手册》得到打击某个目标所需要的弹药发数。海军陆战队战争储备弹药需求和训练与测试弹药需求共同组成了地面弹药总需求，其具体构成见图5-15。

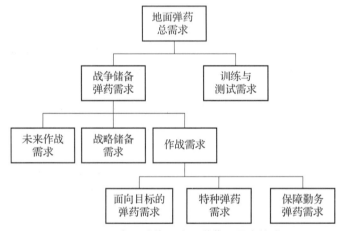

图5-15　海军陆战队地面弹药总需求构成

3. 基于弹药效能的弹药需求预计

美军弹药消耗预计是以弹药效能为基础的，各级部门进行弹药消耗预计主要参考两个因素：一是美军作战力量结构，即参战兵力；二是敌方目标威胁程度。各军兵种采用的弹药消耗预计方法也有所差异。海军和空军结合自身情况对"Level of Effort"方法（简称LOE，以作战行动的平均日弹药消耗量为基础，通常用于小口径弹药消耗预计）和基于敌目标威胁程度的预计方法加以区分使用。海军陆战队使用基于敌方目标的LOE模型（Target - oriented Level of Effort，TOLOE）和基于射击武器的LOE模型（Shooter - oriented Level of Effort，SOLOE）进行弹药消耗预计，前者考虑了敌方目标威胁程度，更多关注需摧毁目标的数量；后者需掌握部队所配备装备的数量。二者都以海军陆战队员在作战中的活跃数量为依托进行弹药消耗预计，海军陆战队75%的弹药用这两种方法预测。基于LOE和面向威胁目标威胁的弹药消耗预计方法流程见图5-16和图5-17。

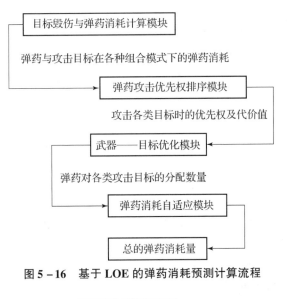

图 5 – 16　基于 LOE 的弹药消耗预测计算流程

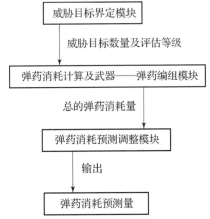

图 5 – 17　面向威胁目标的弹药消耗预测计算流程

4. 美陆军战区模拟系统

陆军使用的是战区模拟系统，战区模拟方法可以计算大部分陆军弹药消耗。该方法使用战斗样本生成器得到 24 h 的战斗样本，研究对象为美军陆军师攻打武器系统参数、侦察和毁伤概率、地形和环境数据可调的假想敌军师。战斗样本生成器可根据作战条令和策略选择不同的作战样式，输出结果有三点：一是敌我双方人员装备损伤情况；二是展现出交战双方参战兵力；三是计算出参战双方 24 h 的弹药消耗量。

5. 美军弹药需求预计特点

（1）美国军方大都在使用弹药需求预计系统或程序，其种类很多但功能相近，都是通过一定的模型计算得到作战所需弹药数量。美军特别注重弹药需求预计模型的改进和建设，目的是使其弹药需求预计系统或程序能够应用最先进的预测方法建立弹药消耗预测模型，力求更准确地估计弹药需求量。现代高技术战争中使用的新型弹药多为高效能精确制导弹药，其价值高昂，对弹药需求进行预计意义重大，弹药需求预计系统或程序不可或缺。

（2）在美军弹药需求预计方法中出现次数最多的是面向威胁目标的弹药需求预计，结合威胁目标的毁伤程度确定弹药消耗量。该方法是从弹药对目标的毁伤效能出发，建立每种弹药对不同目标的单发毁伤概率数据库，并以此确定目标达到某毁伤程度所需弹药量。

（3）美军弹药需求预计与作战任务结合较为紧密。例如美军的弹药需求预计充分考虑了不同作战阶段的作战强度以及目标修复率等参数，在战前进行弹药需求评估时美军会对影响作战的各项要素进行综合、系统的分析，旨在全面考虑弹药消耗影响因素，确保弹药需求分析的精确性。

（4）美军弹药需求预计的相关数据和标准更新较为及时。例如美军在弹药需求预计中所用的经验数据都必须是近三年内通过战争或仿真得到的，还拥有定期更新的《联合弹药效能手册》。美军的弹药消耗标准也会根据弹药消耗特点进行不断更新。

5.4　美军弹药储备规模分析

弹药储备，是为保障部队训练与作战需要预先进行的弹药储存，是弹药保障的前提，是应对突发事件和局部战争的重要内容。弹药储备的目的是：一旦发生战争，在基本补给来源的连续补充渠道畅通之前，保证作战部队基本的弹药需求。由于信息化条件下的局部战争弹药消耗巨大，战争对弹药的依赖性愈加显著，因而预先建立弹药储备并实行有效的储备管理对于应对危机发生和做好战争准备极为必要。美军十分重视弹药储备管理工作，并且在弹药储备管理中建立起一套经济有效的办法，对弹药储备的分类、储备量的确定、储备地点的选择、储备方式的变革等各个方面都有着较先进的做法。确定弹药储备量是美军弹药储备管理中的重要工作之一，美军的弹药储备量通常包括两个含义：一是指储备弹药的规模，二是指储备弹药的弹种比例即储备弹药结构。美军认为确定合理的弹药储备是提高弹药储备管理效益的关键性因素。储备不足，影响部队的保障力，从而影响部队的作战能力。在"9·11"之前，美军每年对小口径弹药的需求量大约是 3 亿 lb。而且自从冷战结束之后，美国的战略弹药储备量就一直在逐渐减少，所保留的部分常常是不够作战所需的。结果弹药储备缩小所带来的问题在很短的时间内就暴露出来了，由于发动了在阿富汗和伊拉克的两场战争，美军现在发现不管是在战场上还是训练中，弹药储备量都远远不能满足需求。然而，储备过量，又造成不必要的浪费。因此，美军对弹药储备量的确定有严格系统的弹种和弹量的规定。图5-18为美军储备的精确制导弹药。

图 5-18　美军储备的精确制导弹药

美军条令里明确说明："弹药属于特殊的战争储备物资，其制造、维护费用高，要想购置储备所有需要的弹药是不可能的，只能购置储备战争初期必需且十分重要的弹药。"因此，美军的弹药储备规模通常由核准文件规定，如核定库存表、基本携行量、携行量表等。上述文件根据预计平均使用率和应保持的储备日份确定。每种弹药的补给日份都有严格的规定和标准，该标准通常用每件装备每日数量表示，如步枪每件武器每日发数。对于不同部队，同一种弹药的补给标准可能不同，因为这一标准是按预计用途确定的。例如，前方地域步兵分队步枪的核准弹药量可能比后方地域分队的同一步枪核准弹药量要高得多。同样，在战斗行动激烈时期，使用的标准就高。和平时期，为了简便起见，不同的分队和不同活动等级通常采用全国的平均数。在平时和战时，弹药储备量的规定是以两次补充之间能保障武器不间断地发挥作用为限。美军弹药储备量是根据以往战争消耗的经验数字和对未来作战消耗的基本预测等因素确定的。

美军规定弹药储备规模的具体做法：总部一级的弹药储备必须能满足战争初期前二个月的作战需求，由于作战初期的头一个月是影响以后战争局势的关键，因此，强调作战头一个月必须有充分的弹药保障。战区一级的弹药储备，需要考虑开战后大后方对战区的支援补给能力和周期，一般规定为两个月左右。近几年来为减轻军、师级单位的负担，提高军、师的机动作战能力，军一级弹药储备量由原来的一个月缩减为几天，师一级的弹药储备量缩减为 3~5 天。

在总部级和部队级这两个层次上弹药储备的目的有所区别，美军在确定弹药储备规模的原则和方法上有着很大差异。总部级弹药储备是美国国家战略储备，部队级弹药储备是指包括战区、军、师等作战单位的日常储备。确定总部级弹药储备规模依据以下三个因素：一是月平均需求率（近 12 个月的平均数）；二是补给满足率（一般为 80%）；三是经济性。总部级的弹药储备一般采用"经济订货"方法。根据订货费用、保管费用及相关因素，以总费用最低为目的，确定某种弹药是否储存，储存规模多大；根据所需保障天数、采购周期以及安全量，计算出总的储备规模。总的说来，美军在总部级弹药储备中除了考虑未来弹药需求，主要还是追求弹药储备的经济性。确定部队级的弹药储备规模主要是依据部队的任务，以满足部队日常训练弹药需求和可能应对的战争弹药够用为标准。图 5-19 为美军对储备弹药进行核点。

图 5-19　美军对储备弹药进行核点

美军认为，弹药储备规模还应根据战争形势的变化适时加以调整，否则将可能导致弹药生产、储备、消耗的恶性循环。以美空军弹药储备规模调整变化为例，1957 年前为 5 年（按照打常规战争的消耗量计算），1958—1972 年减为 3 年，越南战争后减为 1 年（强调弹药可以"边打边生产"而无须大量储备），1976 年恢复到 3 年（吸取第四次中东战争弹药消耗量剧增的教训）。20 世纪 90 年代以来一直呈缩减的趋势，同时又由于军费、采购费连年下降，消耗掉的库存弹药不仅没有得到补充，而且许多私有弹药厂因长期没有订货不得不纷纷停产倒闭，由此造成美军目前不论是成品弹药储备还是弹药生产能力储备都严重不足，很难应付同时发生的两场战争的弹药需求，该问题已引起美军各方的关切。由此可见，科学合理地确定各级弹药储备规模，才能使整个弹药保障系统处于一个良性发展的状态。

5.5　美军弹药储备结构分析

美军十分注重合理地确定储备弹药的弹种结构，强调从弹药结构上调整储备，只将那些对保障战争初期作战十分重要的弹种作为主要储备。为此，美国国防部专门制定了储备弹药结构标准。

（1）依据部队需要，确定储备弹药种类。一是作战部队十分需要的弹种；二是对作战部队的作战能力和对后勤保障部队的保障能力十分需要的弹种；三是各种主要装备或系统十分需要的弹种；四是对实施紧急动员部署现役和预备役部队十分需要的弹种。

（2）以常规弹药储备为主，精确制导弹药储备为辅。与常规弹药相比，精确制导弹药作战效能可提高 100 ~ 1000 倍，效费比可提高 30 ~ 40 倍。但该类制导弹药是现代高新技术的产物，其开发、研制、维护的费用十分昂贵，所以在军费有限的前提下，也要考虑制导弹药储备规模。美国军事专家普遍认同的观点是：现代化的部队必须装备精确制导弹药，但比例不宜超过 15%，否则经济负担难以承受。精确制导弹药应作为普通弹药的辅助和补充手段，而不是替代品。美军现行的弹药供应标准中明确在美军炮兵部队中，以普通榴弹和子母弹为主的常规弹药仍占主导地位。例如，美军一个 6 门制 155 mm 牵引榴弹炮连，在与敌装甲部队和机械化步兵部队作战的两种情况下，一个月（30 天）的弹药供应标准分别是 3 415 发和 2 813 发。其中，普通炮弹分别为 2 838 发（占 83%）和 2 294 发（占 82%），而发烟弹、照明弹、燃烧弹等特种弹以及末制导炮弹等其他弹药分别为 557 发（占 17%）和 519 发（占 18%）。"铜斑蛇"末制导炮弹的数目仅分别为 14 发（占 0.41%）和 7 发（占 0.25%）。本世纪初期，由于精确制导弹药在几次局部战争的作用凸显，美军对其需求有所增大，但常规炮弹的主导地位没有发生根本变化。同时，随着常规炮弹的不断改进，其综合性能正在逐步改善和提高。图 5-20 为美军对转运弹药进行打包处理。

（3）常规弹药储备种类齐全，结构合理。美军综合作战能力依据是其不同功能的作战武器系统，以压制火炮为例，美军有五种不同口径的弹药，具有对不同范围内目标实施打击的能力。其中，81 mm 迫击炮弹最大射程 5 km；120 mm 迫击炮增程榴弹为 10 km；105 mm 榴弹炮弹药为 20 km；155 mm 普通榴弹为 24 km；火箭增程弹为 30 km；227 mm 火箭炮弹药中，M26 型火箭弹射程为 32 km，M26Al 增程型火箭弹为 45 km。可见，美军的压制火炮弹药已经构成了射程从几千米到几十千米衔接较为紧密的梯次火力体系。

图 5 – 20　美军对转运弹药进行打包处理

另外，美军还充分考虑到不同射程弹药的分配比例。例如，在 155 mm 榴弹炮连中，标准榴弹和火箭增程榴弹的数量相同，均占弹药总标准量的 30% 左右；双用途常规子母弹和远程子母弹的数量相同，均占弹药总标准量的 10%~15%。

5.6　美军弹药储备计算方法

1997 年，美国国防部颁布了国防指令 DoD instruction 3 000.4，称为基于能力的弹药需求过程（Capabilities Based Munitions Requirements Process，CBMR），该指令的分析对象是弹药需求评估的整个决策和实施的流程，目标是保证作战部队能够在不同军事任务中得到足够数量和正确类型的弹药，为弹药需求决策提供平台。CBMR 的运行流程见图 5 – 21。

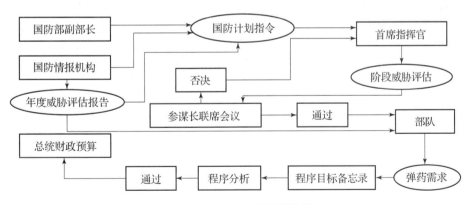

图 5 – 21　CBMR 的运行流程

CBMR 详细地对弹药需求评估的多个实施阶段进行了描述，其主要分析过程有以下几种：

（1）咨询专家和作战部队的各级指挥人员，制定弹药需求国防计划指南。

（2）在国防计划指南和作战想定的基础上，针对美军和盟国在战役层次的军事行动中可能会遇到的各种潜在威胁进行评估。

（3）通过仿真模型和作战想定，对弹药的需求类型及数量进行评估。

弹药需求总量除战场弹药需求外，还包括非战斗状态的弹药需求、保障战争结束后作战部队基本能力的弹药需求，以及和平时期训练、试验的弹药需求。

目前，CBMR 已公布的相关信息仅对弹药需求分析流程以及供应保障的运作过程进行了阐述，尚未完善的工作包括需求评估模型及相应的算法、结合实际作战或训练任务如何进行弹药需求的定性、定量分析等。

除此之外，美军战略及兵力评估中心（The US Army's Center for Strategy and Force Evaluation）也开展了弹药消耗研究，并取得了系列研究成果。

1997 年，美军战略及兵力评估中心的报告《战役层次的弹药、油料以及主战装备损耗评估》以作战过程中的弹药、油料以及参加战斗的其他各种装备为研究对象，较为详细地介绍了其需求量评估的仿真过程，研究目标是面向战区层次的作战任务，形成一套系统的分析方法，为战时装备、物资的需求提供决策依据。

仿真系统的输入数据包括作战想定的相关参数、敌方军事力量状况信息、武器装备、弹药的详细信息等；输出数据包括不同类型武器系统的弹药消耗总量、不同类型装备的损耗、不同装备在特定时间内的油料消耗总量等。

仿真系统的核心部分包括了三个相对独立的仿真程序：作战想定生成程序、方案评估模型以及需求计算程序（见图 5 – 22）。

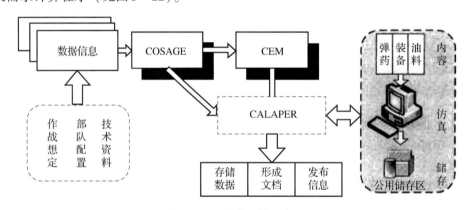

图 5 – 22　仿真系统示意图

①作战想定生成程序（Combat Sample Generator，COSAGE）。作战想定生成程序是一个分析程度最为细致的仿真过程，是面向战术层次作战任务的随机模拟。经过仿真分析能够产生大致相当于一个师的友军兵力在不同军事行动中一天的战场数据，如防御强度、延误时间、攻击能力等。

仿真的结果，如武器系统的费用支出，各种属性、作战装备的数量及类型，以及两军之间的伤亡状况等，可作为战区层次作战仿真过程中对数据进行调整的一个基准。

②方案评估模型（Concepts Evaluation Model，CEM）。方案评估模型的分析细致程度低于作战想定生成程序，它是面向战区层次作战任务的仿真模型。主要用于对作战过程中人、装结合以及资源的利用等方面的评估，并可提供工作单元的可用性与状态、装备的日损耗、弹药的日消耗量、战区级维修需求以及资源供应活动等方面的信息。

③需求计算程序（Calculation of Ammunition, Petroleum and Equipment Requirement, CALAPER）。对作战想定生成程序和方案评估模型的结果以及其他数据进行处理，得出弹药、油料消耗以及装备的损耗。这个系统包括弹药消耗程序（MCON）、COSAGE 损耗处理（CAP）、装备损伤程序（ELCON）、油料消耗程序（FCON）等。

仿真系统的数据处理中，弹药日消耗量仿真评估模型见式（5-1）：

$$C_{\text{day}} = \sum_{p=1}^{\#postures} (E_p + T_p + U_p + O_p) + (Z + R + F) \cdot disagv \qquad (5-1)$$

式中：#postures 为战役层次仿真过程中包括的作战状态的数量；E_p 为在整个战役中对所有目标的弹药消耗量，T_p 为对可以目标的弹药消耗量；U_p 为对敌方保障目标的弹药消耗量；O_p 为随车携带的弹药消耗量，它与各个战斗状态中对保障目标的弹药消耗、可以目标的弹药消耗以及弹药非战斗损失、与维修有关的损失等因素有关；Z 为作战过程中的归零化处理因子（这里的归零化是装备恢复到初始状态的过程，如直接动用新装备、对装备的直接维修保障以及一般性维修保障等工作）；R 为后方防御因子，它与后方防御消耗因素及在后方的武器装备部署有关；F 为功能检测因子，它与日常功能检测的次数有关；$disagv$ 为战术层次仿真过程中车辆的平均数量。

可以看出，这个仿真评估模型包括两项内容：一是所有作战状态中的弹药消耗的累加；二是对整个战役仿真过程中的影响因子与战术层次模型中车辆装备平均数量的乘积。

这种仿真方法把作战想定的相关数据作为仿真系统的输入，而且模拟了战场的状态（如可以目标对消耗数量的影响、工作单元的维修因素等）。在结合任务分析时，只根据不同任务层次进行了建模和仿真；而针对一个具体的任务，依据任务特点进行更为深入的剖析，从而形成一套面向任务的装备、物资需求量分析的理论方法，并没有阐述更为详细的研究方法。

5.7　美军弹药补给策略

为了加强对弹药消耗的控制，许多国家军队都有类似于我军弹药消耗标准和弹药消耗限额的明确规定。例如，美军就提出了弹药需求补给标准和控制补给标准的概念，其流程见图 5-23。

1. 需求补给标准

需求补给标准是由机动部队指挥员所估计的，在某一特定时间阶段内、在消耗不受限制的情况下，部队维持其战术行动所需要的常规弹药的数量。部队为了维持某一特定时间阶段内的战术行动，要确定其自身的弹药需求，并提交需求补给标准。需求补给标准用单件武器每天射击的弹药发数表示，或者用每项任务或每天所需要的弹药总量来表示。需求补给标准由机动部队指挥员提出并报至上一级司令部。各级司令部复核、调整和汇总报上来的需求补给标准数据，并通过指挥渠道上报。弹药需求补给标准是从弹药消耗需求方面提出的，为了进一步控制弹药的消耗和发放，在需求补给标准的基础上，美军还提出了控制补给标准。

2. 控制补给标准

控制补给标准是根据弹药的可用情况、设施和运输条件来确定的可以得到保障的弹药消耗标准，以每个部队、单兵、单件武器、单个战斗车辆每天消耗的弹药发数表示。控制补给标准通过作战命令下达给部队。未经上级司令部批准，部队不允许领取超过其控制补给标准的弹药。陆军部队通常根据可用于发放的弹药数量来制定控制补给标准。当弹药供应跟不上时，就会降低控制补给标准。陆军部队司令官给各军军长分配各类弹药的控制补给标准。由于各军的任务目标、补给的优先顺序、预计受到的威胁和弹药的可用情况不尽相同，因此各军得到的控制补给标准也会有所差异。军再给各下辖部队战斗指挥员下达各部队的控制补给标准，每一个战斗指挥员再依次把控制补给标准下达给他下辖部队的战斗指挥员。指挥员给下辖部队分配控制补给标准时，一般要留出一部分，以应付难以预料的紧急情况。

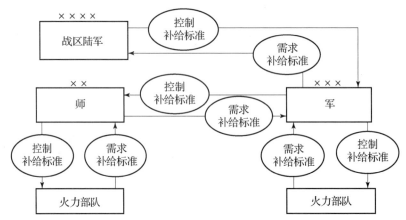

图 5 - 23　美军弹药需求补给标准与控制补给标准流程

第 6 章

美军报废弹药处理

弹药作为一种重要战略物资，为适应长期的军事斗争必须大量储存。然而，长期储存的弹药质量及性能不断下降，成为废旧弹药，最终失去军事利用价值（见图 6-1）。废旧弹药虽然不能继续正常使用，但是原有的燃爆特性并没有太大改变，在外界能量的强烈刺激下可能导致爆炸事故。同时，废旧弹药是一种危害极大的污染源，其装填的含能材料如果烧毁，会产生大量的废气、废渣、废水等，对生态环境造成极大污染。因此，废旧弹药的无害化处理已经成为世界各国棘手的问题。报废弹药的处理包括火炸药的无害化处理、弹丸装药的倒空处理等。

图 6-1   美军准备对报废航弹进行处理

6.1   美军火炸药的销毁

火炸药是各类武器系统必不可少的毁伤能源，是世界各国重要的战略物资。然而，火炸药工业是国防领域最严重的污染源之一，给环境造成了巨大压力。随着各国对环保要求的日益严格，火炸药科研生产中的环保问题显得尤为突出，能耗高、污染大、环境事故频发已成为行业常态，这些都制约着火炸药行业的健康发展。近年来，以健康、节能、环保为核心的"绿色"制造理念日益受到重视，各国均出台了强制减排标准以规范行业的生产经营活动，这主要表现为：各国都十分重视火炸药全寿命周期的技术管理工作，并将废旧火炸药的非军事化处理作为重点之一。

废旧火炸药主要来自退役弹药或推进系统，是一种危害极大的污染源，不仅具有危险性，而且会对环境造成污染。传统的处理方法有深海倾倒法、深土掩埋法和露天焚毁法，但这些方法并不能消除炸药潜在的危险性，而且会对环境再次造成污染。西方技术大国正大力发展弹药非军事化处理与回收再利用技术，其中美军已将该项技术列为未来武器弹药三大发展趋势之一，目前在部分领域已取得重大突破。

在管理方面，美军弹药系统管理中心长期为军方提供传统弹药的订货、生产和非军事化服务，于2002年授权项目执行办公室作为其执行机构，随后建立项目化管理方式来执行弹药全寿命周期管理中的非军事化任务，管理范围包含工程制造能力发展、产品和调度以及服务（包含非军事化）。目前在非军事化方面的挑战主要来自经费，其费用投入占总投入的34%，已超过33亿美元，且还在增长。为解决该问题，SMCA组织选择以"低成本，安全操作，环境友好"为基本原则。

图6-2展示了美国废旧弹药非军事化市场需求及成本。由图6-2可知，2011年每吨弹药的处理成本已高达1700美元，且这一数字还将增加。另外，美国近年来处理大批量的废旧弹药时，79%选择回收再利用技术，19%通过露天燃烧处理，仅2%在密闭销毁间完成。

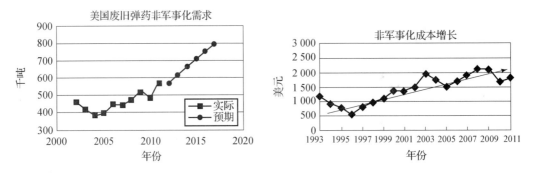

图6-2　美国废旧弹药非军事化市场需求及成本

6.1.1　主要来源

随着军事作战理念的不断变化和高新军事技术的不断应用，各国对常规弹药的需求量在逐年下降，但对弹药的品质要求却在不断提升。尽管如此，各国在武器研制生产中仍然形成了大量需要进行处理报废的固体推进剂、火炸药等含能材料及许多按计划退役的常规导弹。

6.1.2　技术发展路线与政策

1996年8月，美国国防部向国会递交了一份关于武器弹药去军事化联合技术方案（JDTP）的报告。该报告以大型火箭发动机销毁方案为原型，为常规弹药、炸药和战术导弹以及发动机的安全销毁和回收再利用制定了一套完整的处理方案。美国政府希望通过加强军队与企业间的合作来实现废旧弹药的回收再利用或炸药、火箭发动机及常规退役弹药的安全销毁，其整个过程强调弹药回收再利用处理方法研究和环境适应性技术。该方案由美国能源部、研究院及企业共同完成，并包含了废旧弹药销毁的近期、中期和长期目标，计划实施后每年评估一次。美国政府从2002年起资助JDTP计划，在废旧火炸药回收技术领域中参研企业、攻关方向及资助情况详见表6-1。

表 6－1　用于美国 JDTP 计划技术攻关的政府投入　　　　单位：万元

技术项目	参与机构	2002 年	2003 年	2004 年	2005 年	2006 年
弹药拆解技术（对弹药进行安全、有效的机械分解或切割）（略） 火炸药移除技术（切除含能填料，将火炸药从壳体中移除）（略） 资源/循环/再利用技术（对再利用物质进行安全回收和有益资源的利用）						
推进剂/炸药分析研究	陆军/LLNL	306.9	250	150	100	65
回收/含能材料再利用	海军	225	60	100	75	—
含能材料转化成肥料	陆军/ARCTEC	30	—	—	—	—
创新的分解技术	陆军	—	240	100	100	—
弹药危险性能	陆军	—	—	—	30	50
电感耦合等离子转换	圣地亚国家实验室	—	—	—	25	25
先进复合材料分解	空军	—	—	—	—	30
销毁技术（对弹药进行销毁，该过程产生不可利用物质或废料）（略） 废物流处理技术（从环境安全考虑，进行绿色处理）（略） 系统集成技术（略）						
合计	—	1 692.5	1 856.5	950.2	1 003.1	1 021.5

6.1.3　处理技术与应用

近年来，美国一直致力于废旧火炸药的安全、绿色处理技术研究。而无污染的销毁技术具有经济性，更符合绿色环保的理念。在这方面，通常的做法是：一是在新型火炸药设计时就考虑其"可回收、可利用、可再循环"特性，并将其作为新型火炸药的设计目标；二是积极开发各种回收再利用技术。现已开发的火炸药回收再利用技术主要有：以某些高价值成分（如 HMX）为中心的回收技术、以回收热能为中心的回收技术、以产品性能和功能转化为中心的回收技术（如重新加工再造转为民用火炸药产品的技术、通过化学反应转化为化工原料的技术、火药转为炸药、向性能较低产品转化的技术等）。

1. 绿色销毁技术

废旧火炸药的绿色销毁技术主要包括焚烧炉焚烧法、微波等离子体法、超临界水氧化法、紫外线氧化破坏法、湿空气氧化法及太阳能转换法，各种方法的原理和应用特点见表 6－2。

2001 年，美国建立了一套废旧火箭发动机装药的间歇进料焚烧系统，该系统由两个单元组成，第一单元由高压水枪将火箭装药切割成块状物料，分离出氧化剂如 AP 使推进剂钝感并回收氧化铝，同时在浸泡池中提取黏结剂组分；第二单元为充气式焚烧炉，由二级燃烧室组成。该工艺处理后的氧气、一氧化碳、所有的碳氢化合物、二氧化硫及氮的氧化物均达到美国燃烧执行标准。

表 6－2　绿色销毁技术

方法	原理	应用特点
焚烧炉焚烧法（替代 OB/OD）	通过焚烧炉充分燃烧、尾气洗涤和活性炭处理等措施实现达标绿色排放	污染小，能量部分回收，设备维护、销毁成本高
微波等离子体法	利用微波使物质汽化形成具有化学活性的等离子体，以此破坏化学物质	仅成功降解硝化甘油
超临界水氧化法（SCWO）	利用超临界水良好的溶剂性能和传递性能，使有机材料在超临界水中迅速、有效地氧化降解	通用性强，污染小，工艺复杂，处理能力有限
紫外线氧化破坏法	利用分子对紫外线的吸收作用实现状态激发和氧化分解	—
湿空气氧化法	将不溶于水和难与水混合的火炸药置于温度为 100 ℃~375 ℃、压力为 1~27.6 MPa、氧化压力为 1~27.6 MPa 的湿空气中氧化	可高效氧化 NC 和 NG，安全、工艺简单
太阳能转化法	利用太阳能将硝酸盐和亚硝酸盐分解为 NO_2 和 N_2	应用前景广阔

2. 回收与再利用技术

将废旧火炸药中的有效组分回收并重新利用是一种经济的处理方法，主要包括碱水解法、微生物降解法、熔融盐法、溶剂萃取法、化学降解法、超声粉碎法等，见表 6－3。其中，微生物降解法、熔融盐法和化学降解法已取得新研究成果。

表 6－3　回收与再利用技术

方法	原理	应用特点
微生物降解法	首先将废旧火炸药粉碎后与活性土壤混合，然后利用微生物发酵作用将含能物质彻底转化分解	处理量大，安全可靠，无污染，微生物选择性差，过程缓慢
熔融盐法	利用碱金属或其碳酸盐与火炸药混合后的加热分解将废旧火炸药分解为无害物质	适用范围广，熔盐可回收
溶剂萃取法	利用适当的溶剂分离组分，再通过精制处理回收高成本的原材料	适于回收 NC、Al、TNT、RDX，技术成熟，易于实现工业化
化学降解法	将废旧火炸药用酸或碱降解成小分子物，经溶剂分离提取可再利用的组分	可实现 100% 材料回收或再处理，酸液可回收再利用，环境友好

续表

方法	原理	应用特点
超声粉碎法	基于超声空化原理,声能通过超声波流传到固体材料表面,使固体材料发生破裂	可从炮弹中回收 TNT 和 B 炸药,更加安全,无污染
熔融法	因火炸药中各组分熔点不同而利用加热分离	适用于原料熔点差异大的装药
热解法	在加热和缺氧的条件下降解火炸药,先除杂,然后在 500 ℃~600 ℃下热解得到热解油	不必经过粉碎,操作安全,环保操作及维护成本较高

美国陆军在 2011 财年曾计划斥资 2.6 亿美元在图埃勒(Tooele)陆军军械库新建酸溶解生产线,并演示其处理能力,处理目标物涉及火炸药、高爆弹药、引信、化学弹药、导弹、大尺寸火箭发动机等多种弹药及组件。

3. 改制成其他能源材料

美国曾将废旧的火箭推进剂经过一系列处理后应用于火箭发射,其弹道性能、安全性均符合技术要求。20 世纪 90 年代,美国开发出大尺寸固体火箭发动机装药回收工艺,其原理是利用适当的溶剂处理含有多种组分的废旧发动机装药,分离其中各个组分,再通过进一步的精制处理,回收其中的高成本含能组分,重新作为军用或民用原材料使用。该技术具有不污染环境、资源可回收、处理方式安全等优点。

美国国防部于 2003 年组织 NSWC、TPL、LANL 和 ATK 公司对几千千克的 HMX 基军用弹药进行回收处理,并对不同炸药、推进剂的 HMX 回收产品进行性能鉴定。其中的技术分工如下:TPL 公司主要是从 PBX-9501、PBXN-110 和 LX-14 炸药中完成 HMX 的回收工作;NSWC 和 LANL 主要对回收试样进行性能鉴定,鉴定试验包括纯度、熔点、颗粒形状、微观形貌、溶解性、撞击感度等;ATK 公司主要是利用回收试样制备新炸药,并与由纯 HMX 制备试样进行压装不敏感弹药试验对比。鉴定试验表明:回收 HMX 与纯 HMX 性质虽略有区别,但回收材料能够满足纯材料各种性能的具体要求。另外,使用回收 HMX 制备的 PBX-135 能够满足新武器系统的性能指标。美军还将废旧火炸药中分离出来的组分或经过粉碎的火炸药与氧化剂、其他添加剂按一定比例混合制成民用炸药,例如粉状炸药、浆状炸药和灌装炸药等。该方法可充分利用火炸药中的能量特点,对环境污染较小。

2002 年,美国海军水面武器中心(见图 6-3)与 TPL 公司设计可将不同发射药处理成民用、表面采矿用的爆破剂成品或其组分的通用装置,采用大的粒状发射药制备民用爆破剂。该装置可进行多余发射药的非军事化处理,每年可生产大约 1 800 t 的包装好的爆破剂。

综上,在废旧火炸药处理方面,美国发展了多项绿色处理技术和资源回收技术,其中资源回收再利用

图 6-3 美国海军水面武器中心

技术不仅具有绿色无污染特性，而且为企业带来了良好的经济和社会效益。将来受不敏感弹药技术、新材料、新工艺技术的影响，现有的装置将无法满足非军事化需求。为降低弹药全寿命周期成本，美国国防部强制要求开展弹药 DFD（非军事化设计），设计内容包含非军事化使用装置、非军事化过程效率和回收再利用经济性分析，降低对环境和安全的影响。

6.2　美军弹丸装药倒空

弹丸装药倒空是通过一定的技术手段，使易燃易爆的装药从金属壳体中分离出来，可分为弹丸装药倒空和发射药装药倒空。一般后装炮弹的发射装药可直接采用分解拆卸进行倒空，而弹丸装药由于弹药装填的牢固性和高密度要求，需采用更复杂的技术手段才能倒出。弹丸装药倒空技术作为废旧弹药处理技术的重要组成部分，把高风险的废旧弹药变成具有较高价值的有用资源，是实现弹药无害化处理及绿色回收利用的重要途径。

根据装药性质的不同，可以将弹丸装药倒空方法分为高温熔化、溶剂溶解、机械倒空三类。高温熔化是利用外界热源对装药进行加热，使其熔化后在重力作用下流出，实现装药与壳体分离的方法，典型方法为蒸汽加热倒空法和电磁感应加热倒空法。溶剂溶解是利用某些装药在不同溶剂中的溶解度差异，用相应溶剂溶解装药并分离出不可溶部分，而后再回收利用的方法。例如硝铵炸药可以根据其溶于水的特性，用水进行溶解处理，典型方法为有机溶剂冲洗倒空法。机械倒空指利用外力作用于装药，使装药层层剥离，达到倒空装药目的的方法，典型方法为高压水射流冲洗倒空法、水力空化倒空法、挖药倒空法、冷循环倒空法等。挖药倒空法由于对操作人员危害较大，目前已不再采用。

蒸汽加热倒空法是利用蒸汽作为介质加热弹体，使弹体内装药温度达到其熔点以上，从而使装药熔化成液态并自动流出的倒空方法。该方法适合装药熔点较低，加热不分解、不挥发，炸药毒性较小的装药，例如各种装有 TNT 炸药的弹丸。蒸汽加热倒空技术相关参数见表 6 - 4。

表 6 - 4　蒸汽加热倒空技术相关参数

弹丸直径/mm	数量/枚	倒药时间/min
90	8	15
105	12	20
122	8	30
155	6	50
180	3	60

国外对蒸汽加热的研究较早，美国于 1994 年研制出高压釜熔解系统，该高压釜使用间接加热的方法将蒸汽施加到弹药的外部，在 115 ℃和标准大气压下对 340 kg 的弹药进行倒空测试，每小时产生 3.8 L 废水。蒸汽加热倒空法的最大优点是设备简单，倒药效率较高，操作方便、安全，因此在报废弹药处理机构中被广泛采用；缺点是热利用效率较低，凝结水和保温用水中有炸药污染，需对废水进行后处理。若炸药的熔点较高（高于 120 ℃），使用

蒸汽加热法时必须大幅提高蒸汽的压力，这将提高设备的复杂度，降低安全性，因此，对于熔点较高的装药不宜采用蒸汽加热倒空法。

高压水射流冲洗倒空法是利用常温高速水射流对弹体装药表面的冲击、剥离作用，使弹体装药破碎和倒出的方法。剥离后的炸药与水同时流入收集槽，经过过滤分离和净化之后的水可再循环使用。由于利用常温水冲击，高比热容的水可以及时带走热量，消除热量积累，提高了处理的安全性。美国海军水面武器中心利用该方法实现弹药中 PBX 炸药的去除和回收，已成功倒空数万发弹丸，倒空 1 发装 B 炸药的 155 mm 弹丸用时 2.4 min。研究表明，利用高压水射流处理废旧弹药，不但能有效地将装药从战斗部中完全分离出来，而且安全性较高。但是也存在高压环境对机器部件的要求高、设备维护频率高、容易产生大量密集的难以消除的泡沫、产生废水量多且处理难度大、不适用于机械感度高的炸药等问题。

除此之外，美军也开展了冷循环倒空法研究。冷循环倒空法又称低温、室温冷冻法，其原理是将弹药置于低温条件下冷冻后取出，反复进行温度循环操作，使弹丸装药在不同的温度梯度中产生分布不均的热应力，形成裂纹，进而发生崩裂，产生破碎的药块并取出，实现装药倒空的目的。倒空产生的碎片大小取决于炸药的特性。美国于 1994 年利用该方法对 LX – 17 高爆炸药和 PBX9404 进行装药倒空实验，将装药反复在 – 196 ℃的液氮浴中进行快速冷却循环，然后升温至环境温度。LX – 17 在 15 min 后分解为 8 mm 或更小的碎片，而 PBX9404 容易冷冻成约 1 mm 的碎片。冷循环倒空法的优点是使用惰性气体氮气进行冷却，降低了装药的敏感性，安全可靠；倒空操作中没有机械撞击和摩擦作用，同时不产生污染。缺点是装药适用范围小，效率较低、能耗较大，不利于大规模工业化推广。

有机溶剂冲洗倒空法是利用有机溶剂的溶化作用、高压冲刷作用及选择性溶解作用，去除炸药装药并回收其组分的方法。溶化作用可增强溶剂对装药的破碎作用；选择性溶解作用可把混合炸药分离成可溶和不可溶的组分。美国曾选用甲苯进行 B 炸药的倒空试验，利用黑索今（RDX）和 TNT 在不同温度下的溶解度差异，通过调节温度和溶剂压力，使得 TNT 溶解在热的甲苯中，而 RDX 处于不溶解状态，最后通过沉淀槽和溶剂储槽的处理获得 TNT 和 RDX。利用有机溶剂冲洗倒空装药，适用于两组分炸药，能一次完成两组分炸药的分离和回收，并且喷射射流的温度和喷射压力较低，能耗较小。但是该方法也有明显弊端，例如需要有机溶剂，污染较大，且可能对弹体的有机涂层、黏结剂等组件具有腐蚀性，同时大量易燃的有机溶剂也存在较大的安全隐患。

高压氨射流倒空法综合利用了高压水射流冲洗倒空和有机溶剂倒空的原理，利用高压氨射流的动能连续冲击弹体中的炸药，将其破碎并溶解于液氨中。1996 年，美国的 T – C 公司首次将液氨加压作为切割射流应用于废旧弹药倒空工序中，通过多次试验，当氨射流压力为 50 MPa 时，能将有毒有害的化学试剂、炸药、固体推进剂的弹丸和火箭发动机安全可靠地进行分解。与高压水射流技术相比，氨射流技术速度更快，效率更高。但是，该方法使用的前提是炸药在液氨中的溶解性较好，例如黑索今、奥克托今等，这在一定程度上限制了高压氨射流技术的使用范围，并且与高压水射流技术相比成本更高。

CO_2 鼓风/真空法清除弹丸装药技术是由美国人研究用于弹丸装药倒空的方法，通过类似于喷沙器的 CO_2 鼓风系统将弹体中炸药填充物吹成粉末状，并收集进真空容器中，鼓风系统与真空系统组成密闭的庞大系统。与其他倒空方法相比，CO_2 鼓风/真空法操作简单，机械化程度高，不涉及废水处理问题，消耗能量低，不需要任何其他清洗工序。但是由于技术实现性以及产生大量静电，该技术目前并没有应用于实际的批量报废弹药倒空销毁，仅停留于试验阶段。

热水脱药法适用于柱装药弹丸，如 57 mm 小口径高炮榴弹弹丸，其炸药由 80% 钝化黑索今和 20% 的铝粉所构成。由于黑索今的熔点为 203℃，无法采用蒸汽加热倒空法进行倒空，但是固定药柱黏结剂的熔点较低，可以依照装药的反过程，采用加热熔化黏结剂，将药柱倒出的方法。倒药时将弹丸口部向下，竖直排放，将装弹丸的盛弹笼放入加热槽中，加热槽中水量以能够淹没弹丸为宜，水温控制在 82℃ ~ 100℃，加热时间为 3 min。到达加热时间后震动脱药，后对弹丸逐一进行检查，确认倒药彻底性。若有药柱未脱出者，可将其浸泡在水中用铜制工具挖出。热水脱药法主要是针对装药熔点较高但黏结剂熔点较低的弹丸进行倒空，这种方法的优点是设备简单，操作时间较短，但是与其他方法相比，安全性较差，并且倒空效率较低。

在分析常见装药倒空方法的原理、技术和特征的基础上，本书把 6 种装药倒空方法的应用范围、优缺点进行了归纳总结，见表 6 - 5。可以看出，各种倒药方法都有其对应的应用范围，其中蒸汽加热倒空法由于操作简单，对人员素质要求较低，安全性较好的优点，成为目前我国主要采用的倒空方法。但是，新型火炸药和高熔点装药的出现，蒸汽加热倒空法已经无法满足高熔点装药的倒空需求，因此，寻找一种能够倒空低熔点装药，也能倒空高熔点装药，且安全性较好的倒空方法已经成为世界各国正在研究的课题。

表 6 - 5 装药倒空方法对比

倒药方法	原理	应用范围	优点	缺点
蒸汽加热倒空法	利用水蒸气对弹丸装药加热，使其熔化	适用于装药熔点较低，加热不分解、不挥发，毒性较小的装药	简单易行，投资费用小，使用维修方便	能量利用率低，产生废水，不适合处理高熔点炸药
CO_2 鼓风/真空法	利用鼓风系统产生的压强差粉碎装药	适用于所有装药	操作简单，机械化程度高，不产生废水	倒空过程产生大量静电，安全性较差
高压水射流倒空法	利用高压水射流冲击、剥离装药，使其溶解破碎	适用于机械感度较小的装药	安全性好，分离彻底无残药	产生密集的难以去除的泡沫，废水量多且处理难度大，设备维护频率高
冷循环倒空法	弹丸装药在不同的温度梯度下产生热应力，形成裂纹，然后破碎	适用于冷冻后能形成较小碎片的装药	无机械撞击安全性好，不产生污染	效率较低，能耗较大

续表

倒药方法	原理	应用范围	优点	缺点
高压氨射流倒空法	利用氨对某些装药的溶解性,在高压射流的冲洗下装药破碎后溶解倒出	适用于在液氨中溶解性较好的装药	速度快,效率高	适用装药范围小,成本较高
有机溶剂冲洗倒空法	利用不同组分对有机溶剂的溶解度差异分离装药	适用于易溶于有机溶剂的装药	一次完成两组分炸药的分离回收,能耗较小	污染较大,对弹体具有腐蚀性,安全性较低

针对蒸汽加热倒空法不适用于高熔点装药的情况,美国基于感应加热技术与装药倒空的联系,在 2006 年提出了电磁感应加热倒空法,其基本工作原理见图 6-4。该法的工作过程为:利用法拉第电磁感应定律、欧姆加热及接触传热理论,将交流电作用在缠绕弹丸的线圈上,线圈内产生的交变磁场在弹丸内产生涡旋电场,涡旋电场驱动金属壳体中的载流子运动产生欧姆热,传导的欧姆热使壳体内的装药熔化而流出,从而实现装药倒空的目的。美国用内装 B 炸药的 60 mm 迫击炮弹作为实验对象,当功率为 4 kW 时平均熔化时间为11.9 s,99.1% 的装药被倒空。

电磁感应加热倒空法的基本理论是法拉第电磁感应定律,其原理为利用某一频率的交变电流通过线圈产生相同频率的交变磁场,当通过附近的导体回路中磁通量随时间发生变化时,回路中会产生感应电动势,且感应电动势的大小与穿过回路磁通量的变化率成正比。在电动势作用下,导体回路内部产生方向与交变电流相反的涡流,从而利用该电流生成的焦耳热对导体加热。导体回路中磁通量的变化是由线圈磁场变化引起的,此时产生的电动势是感应电动势。

当频率为 f 的交变电流 i 流过匝数为 N 的线圈时,导体内产生的感应电动势计算公式见式(6-1):

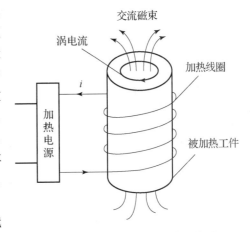

图 6-4 感应加热倒空法基本工作原理

$$E = -N\frac{\mathrm{d}\Phi}{\mathrm{d}t} \tag{6-1}$$

式中:负号表示感应电动势的变化阻止磁通的变化;E 为感应电动势;N 为线圈的匝数;$\mathrm{d}\Phi/\mathrm{d}t$ 为磁通量变化率。

从以上可以看出,感应加热系统包括感应线圈、交流电源和被加热的导体三部分。与普通电阻加热相比,感应加热的特点是被加热物体和电源之间没有电接触,而是通过电磁感应加热将电源的电能转化为被加热物体的热能,其能量转换过程见图 6-5。

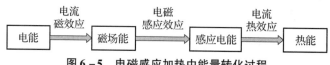

图6-5 电磁感应加热中能量转化过程

感应加热技术已经广泛应用于冶金、机械制造、医疗等各个领域，在金属表面热处理、零件加热、金属3D打印、电磁炉等方面，均能看到感应加热技术的使用。可以说，感应加热技术是一项成熟的技术，可将其研究成果与倒空装药过程相结合，形成新的技术——电磁感应制热式弹丸装药倒空技术。

由于感应加热中给导体通的是较高频率的交流电，导致电流在导体截面上的分布不再是均匀的，导体表面上各点的电流密度最大，由外向内电流密度递减，在导体中心轴线上的电流密度最小，这种现象叫作集肤效应，也称为趋肤效应（Skin Effect）。当导体中某处的电流密度达到导体外表面密度的1/e时，则将该处至导体表面的距离定义为趋肤深度（见图6-6）。

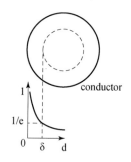

图6-6 高频时导体电流密度分布情形

以圆柱体导体为例，假设频率较高，根据麦克斯韦方程组可求得导体内任意一点的磁场强度和电流密度，见式（6-2）和式（6-3）：

$$H = H_0 \frac{\exp\left(\dfrac{-kx}{\sqrt{2}}\right)}{\sqrt{1 - x/R_0}} \qquad (6-2)$$

$$J = J_0 \frac{\exp\left(\dfrac{-kx}{\sqrt{2}}\right)}{\sqrt{1 - x/R_0}} \qquad (6-3)$$

式中：H_0、J_0分别是导体表面的磁场强度和电流密度；R_0是导体半径；x表示该点到导体表面的距离，其中$k = \sqrt{w\mu\sigma}$。

当点到导体表面的距离远小于导体半径时，即$x/R_0 \to 0$，则可推出感应电流强度公式，见式（6-4）：

$$J = J_0 e^{\frac{-kx}{\sqrt{2}}} \qquad (6-4)$$

根据定义，涡流的理论透入深度x_0（即趋肤深度）处的电流密度应为J_0/e，其计算见式（6-5）：

$$x_0 = \frac{\sqrt{2}}{k} = \sqrt{\frac{2}{\omega\mu\sigma}} \qquad (6-5)$$

式中：ω为激励的角频率，单位为rad/s；μ为导体的磁导率，单位为H/m；σ为导体的电导率，单位为S/m。可以计算出在趋肤深度以内的导体产生的热量占总能量的86.5%，因此在工程计算时可认为趋肤深度以外的导体内没有感应电流。

感应加热包含传热过程，热传递由三种可复合叠加的基本模式实现，即传导、对流和辐射。

热传导可表示一个或多个物体直接接触，它们的基本粒子存在着能级差而导致能量传播，基本粒子运动是其产生的根本原因。宏观上看热传导建立在一定路径上存在温度差的两点之间。热传导的傅里叶定律见式（6-6）：

$$\varphi = -\lambda \frac{\partial T}{\partial n} n_0 \tag{6-6}$$

式中：φ 为热流密度，单位为 W/m^2；λ 为热导率，单位为 $W/(m \cdot K)$。从该定律可以看出弹丸等温面上的热流密度与温度梯度成正比。

热对流是由液体或气体区域内具有温差的小流量单元的运动决定的，包括强制对流和自然对流。温差流体与固体表面或温差流体之间以传热的形式实现能量交换，用牛顿冷却方程表示，见式（6-7）：

$$\varphi = h(T_p - T_f) \tag{6-7}$$

式中：h 表示对流换热系数，单位为 $W/(m^2 \cdot K)$；T_p 表示固体壁面温度；T_f 是流体温度。

热辐射是一种特殊的传热形式。它不需要借助任何组成粒子来传递能量，而是通过电磁波作用下物体表面原子的振动来传递能量。辐射热传递应具有辐射路径上的发射物体、辐射传播空间和吸收辐射热的物体，可以在真空中进行。

在工程中，通常考虑两个或多个物体之间的辐射，净传热可用斯蒂芬-玻尔兹曼方程计算，见式（6-8）：

$$Q = \varepsilon \sigma A_1 F_{12}(T_1^4 - T_2^4) \tag{6-8}$$

式中：Q 为热流率；ε 为辐射率；σ 为斯蒂芬-玻尔兹曼常数；A_1 为辐射面 1 的面积；F_{12} 为由辐射面 1 到辐射面 2 的形状系数；T_1 为辐射面 1 的绝对温度；T_2 为辐射面 2 的绝对温度。

在感应加热中，由于传热过程是弹丸外壳对内部装药的传热，属于固体传热，而且温度相对较低（不超过 500 ℃），因此主要作用是热传导。

6.3　美军弹药修理

弹药作为国家重要的战略资源，具有不可替代的作用。弹药从研制到定型再到交付部队使用形成战斗力，花费了大量的人力、物力。如何延长弹药的使用寿命，发挥更大的军事效能，越来越得到世界各国的重视。

弹药延寿是一项持续时间长、综合效益高的工作，能够确保超期弹药继续服役，恢复、保持和提升作战使用性能，同时提高了弹药的维修和保障水平，节约大量资源。

美国弹药的储存延寿研究是利用先进的测试检测技术，对每种弹药都定期随机抽取一定数量的样品进行检查、试验，确定是否仍然安全可靠。采取的延寿措施主要是更换、改进存在隐患的部组件或者有限寿命的部组件（见图6-7）。

图6-7　准备进行测试检测的弹药

6.3.1 制定寿命监视计划

美军认为弹药在长期储存过程中发生失效的规律是一个多因素的复杂过程，确定弹药储存寿命的唯一有效方法是跟踪监测。在弹药装备部队的同时，逐年对导弹的老化过程进行监测，根据监测结果估计弹药的储存寿命，并利用射击试验进行验证。美国通过跟踪监测分析储存寿命的典型代表是民兵导弹与大力神导弹。

美国的民兵3导弹（见图6-8）预计服役期长达60年，在研制初期便开始进行了储存延寿计划，其中包括初期老化监视计划、发动机解剖计划、远期工作寿命分析计划。初期老化监视计划又包括全尺寸发动机老化监视计划、实验室部件监视计划和服役发动机监视计划，为预测民兵导弹发动机的工作年限提供了大量资料，也为材料的改进提供了数据。

图6-8 民兵3导弹

发动机解剖计划结果表明，全尺寸发动机的老化趋势比实验室预示的要慢。远期工作寿命分析计划包括发动机结构分析、过载试验和工作寿命统计分析三部分内容。结构分析的目的是鉴定发动机在工作环境下的破坏模型，确定发动机的理论破坏极限；过载试验从理论上验证临界破坏模型的预示能力，以确定真实临界破坏的极限；工作寿命统计分析采用统计方法来完成发动机工作寿命的预示工作。

大力神2导弹（见图6-9）是美国液体导弹储存试验的典型代表，大力神导弹的延寿计划要求在导弹储存的全过程进行储存试验，包括地面试验与射击试验，并对导弹从头到尾全面开展试验。检测内容包括储存、作战使用、飞行试验等各种环境下的性能参数检测。该项计划的分析工作包括工程分析和统计分析，要对所测试的关键分系统的功能参数，建立性能极限和故障判据。通过该计划的实施和一系列试验，以及期间多次开展的多次延寿整修，确保了导弹的可靠性，使大力神2导弹服役期长达25年。

6.3.2 持续开展性能改进

美国十分重视弹药的战术技术性能，并开展持续性能改进，始终将性能改进作为延寿的一条重要措施。主要代表是民兵导弹和三叉戟导弹（见图6-10）的性能改进。从改进的范围看，民兵3导弹的改进主要集中在电子设备、机电设备、固体发电动和采用一些新的结构材料。民兵3导弹的改进包括民兵导弹的现代化计划、民兵3导弹改进计划，改进后作为下一代战略导弹计划。

图 6 - 9　大力神 2 导弹

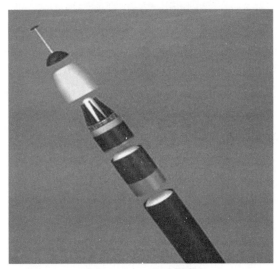

图 6 - 10　三叉戟导弹

三叉戟导弹延寿计划包括对整个发射、导航、电子设备、再入等系统的升级改造；2007年前为该导弹生产新的三级固体推进系统，购买火箭发动机和关键部件，并对推进系统使用的生产材料进行质量再认证；2007 年以后重新设计、制造了制导系统和电子装置。

6.3.3　重视不工作可靠性

美军的研究和实践都已证明长期储存会对弹药可靠性产生重大影响。图 6 - 11 为美国本土弹药库。统计数据表明，对导弹而言，不工作时间平均是工作时间的 200 万倍。尽管不工作失效率远远低于工作失效率，但是这两种状态在时间上的巨大差异使得储存状态成为一个需要考虑的重要因素。美军对不工作可靠性进行了比较广泛和深入的研究，不工作可靠性已经成为装备可靠性的重要组成部分。

通过这一时期的研究，不工作可靠性得以迅速发展，美军已经将不工作可靠性与工作可靠性视为同等重要。美军导弹可靠性有两个指标：一是工作可靠性；二是不工作可靠性。两个指标都写进合同，需要验证。美军十分强调进行应力筛选试验，并将其作为保证导弹储存可靠性的一个有效措施，用来排除隐患。一般在零件级、部件级即安排这类试验。随着性能跟踪监测的系统开展和不工作可靠性研究的深入，美军的弹药寿命设计水平显著提升。

图 6 - 11   美国本土弹药库

6.3.4   监测与数值仿真结合

21 世纪以来，伴随着监测手段的发展，美军正积极探索对影响储存寿命的特征参数进行实时监测，结合数值仿真实现储存寿命在线分析。以下是这一技术近年来的发展情况：21 世纪初，美国桑迪亚国家实验室（见图 6 - 12）采用光学传感器系统自动监控含硝酸酯的含能材料（推进剂和炸药）老化过程中放出的 NO_2；两年后北大西洋公约组织（NATO）成员国成立了弹药监测合作研究小组，推动监测新技术的应用。随后，北约弹药安全信息分析中心成立了"钝感弹药——老化对生命周期的影响"工作组，讨论认为埋入传感器是生命周期评价的主要新方法。

图 6 - 12   美国桑迪亚国家实验室

2014 年，美国成功完成了 8 次 B61 - 12 延寿计划的振动飞行旋转/带仪器测试弹（VFA/IMV）的测试。B61 - 12 是 B16 核弹头最新的延寿计划，B61 也是服役时间最长的武器之一。2015 年，B61 - 12 完成了研制过程阶段的试飞工作，B61 - 12 预计将于 2025 年完成（见图 6 - 13）。W88 核弹头的延寿计划于 2012 年进入研制工程阶段，并在 2014 年对其更换了常规高能炸药。W80 - 4 延寿计划于 2014 年选择 W80 - 4 作为 LRSO 导弹的弹头，2016 年 W80 - 4 进入研制工程阶段。图 6 - 14 为美军轰炸机配装的远程防区外武器。

图 6 – 13　B61 – 12 核炸弹与
F – 35A 战斗机兼容

图 6 – 14　美军轰炸机配装的
远程防区外武器

6.4　美军未爆弹处理

现代战争中，弹药消耗量快速增加，弹药使用的同时也产生了不少问题，其中未爆弹药（UXO）销毁处理尤为突出，成为世界各国军方棘手的问题，同样也是我军现实和今后弹药销毁处理的重要工作内容。当今世界以和平为主题，经历战争和武装冲突多年后的国家或地区，今天仍有数以万计的未爆弹遗留下来，由于未爆弹具有长期潜伏隐匿和高度危险的特性，时常发生未爆弹意外爆炸伤害事件，未爆弹成为威胁人类生命安全，造成负面影响的一大公害。据不完全统计，全世界每年有 5 000 多位平民受到未爆弹的意外伤害。在 20 世纪 90 年代初的海湾战争中，美军投放了含有近 1 400 万枚子弹的各类子母弹，按子弹失效率 5% 计，有近 70 万枚子弹遗撒在海湾地区，对当地居民和驻军的安全造成严重威胁。一则报道称，美军在"沙漠风暴"行动中，共发生了 94 起未爆弹意外伤害事故，伤 104 人，亡 30 人，至少 19 名士兵是被未爆的集束炸弹炸亡，占海湾战争美军死亡人数的 10%，同时，有上百名当地居民被未爆弹致死。海湾战争结束后，有 2 000 多名科威特人受到未爆弹的伤害，其中大部分是儿童。由此可见，未爆弹的处理对于军事斗争任务的完成和人员生命财产的安全，具有十分重要的意义。图 6 – 15 为美军遗留海外的大量弹药。

图 6 – 15　美军遗留海外的大量弹药

未爆弹主要是指交战双方发射或设置后未作用的弹药，或由遗弃、丢失、掩埋等产生的战争遗留废弃弹药，或由训练、试验、演习等产生的未爆炸弹药，或弹药燃爆事故后残留下来的未爆炸弹药等，也包括销毁爆破时发生的未爆炸弹药。未爆弹严重威胁周围环境内的人员和财产安全，它的存在对成功的军事行动也是一种严峻的阻挠，有时甚至会影响到战争的胜负。未爆弹清理困难、费用较高，处理不当会造成严重的危害。平时训练需要及时清理未爆弹，战时更需要及时排除敌方布放于补给线、机场跑道、桥梁、道路等重要场所的未爆弹，因此，寻找一种较为安全、快捷、可靠的未爆弹销毁技术具有非常重要的意义。

未爆弹处理技术是一个复杂的系统工程，按照未爆弹处理工作时序，可以划分为三个不同的阶段，分别是未爆弹的探寻、暴露和销毁，三阶段包含各自不同的技术内容。

未爆弹处理的每一个阶段都充满着危险，为化解这种危机，需要专业性很强的技术和设备，需要经费投入和科技支撑，未爆弹处理关联到许多专业学科知识，未爆弹的清理是一项耗资巨大的工程项目。

美国为了评估和研究来自未爆弹和各种简易爆炸装置（IED）对军事活动的影响，由国防部牵头成立了一个联合机构，称为 UXO 和 IED 清除机构（JIEDDO），人员主要由院校、研究所、能源部、相关工厂等组成。从 2004 年到 2006 年美国花费在对抗 UXO、IED 威胁的经费大约 61 亿美元。JIEDDO 在 2005 年、2006 年和 2007 年的经费分别为 13.44 亿美元、34.87 亿美元和 9.12 亿美元，参议院军事委员会提出 2009 年的预算为 30 亿美元。为了快速部署对抗 UXO、IED 系统，JIEDDO 还制定了新的采购标准。

美军早在 20 世纪 70 年代就建立了排爆应急部队，负责重要场所未爆弹的探测、排爆和抢修，装备有英国研制的战斗工兵车等探测和排爆装备（见图 6 – 16）。进入 80 年代以来，随着机器人技术的发展，美国及西欧集团不惜投入巨额资金，研制用于危险场所作业的排爆机器人。

图 6 – 16　美军排爆小组

美军从 1980 年就着手研制机器人遥控扫雷车（见图 6 – 17），该车以美军现役 M60A3 主战坦克为基础车，把发现雷场、开辟通路和标示通路合为一体；该扫雷车采用 25 t 级的新型履带式步兵战车为基础车，扫雷系统包括爆破和扫雷装置。

90 年代，美军无人驾驶地面车辆计划中涉及一些处理未爆弹的装备，该遥控系统由一个 25 t 的履带式推土机加反向铲组成，用于处理未爆弹和快速修复道路。该系统配备

图 6 - 17　美军扫雷车工作画面

有立体摄像机、激光扫描仪、专业微处理器、GPS 导航系统和可更换的末端机械手。在美国海军的 RoNs 系统计划中，也涉及研制海军的爆炸物处理机器人，该系统是一部 6 轮铰节式履带车，装有可拆卸的 CCD 摄像机、照明装置、通信装置及一个万向多功能机械手。

目前，重型排爆设备只能用在交通相对便利的环境，而对于交通不便、环境复杂的部队训练场合，大型装备无法代替小型排爆作业装备，仍然用人工排弹或人工辅以先进的小型处理装备的作业方式。由于小型装备质量轻、方便携带、经济实用、作用可靠，用于未爆弹处理的小型排爆装备同样可以发挥较大的作用。图 6 - 18 为美军使用的小型排爆装备——排爆机器人。未爆弹的处理要求快速及时，因此未爆弹处理装备器材应具有良好的机动性，满足分队携带方便、使用快速、作用可靠等要求。一般包括弹体夹具或套具（能够将未爆弹夹持住或套住的工具）、牵引绳索（强度足够，长度 50 m 以上）、防护挡板、防护服装、防弹头盔，还需要设置临时掩蔽沟壕等。配备齐全的未爆弹探测装备、起爆器材、防护装备能提高未爆弹销毁分队的快速反应能力和排弹作业效率，是快速、安全、可靠地排除未爆弹非常必要的条件。

图 6 - 18　美军使用的小型排爆
装备——排爆机器人

美军为对抗路边炸弹，利用这种技术试验了销毁土壤下弹药的可行性，并与排爆车结合用于伊拉克战场和阿富汗战场路边炸弹排爆。2009 年美军进行的聚能装药排爆试验，并将这种排爆技术与机器人技术结合，实现了无人现场参与的安全排爆方法，消除了人员直接排爆的危险性（见图 6 - 19 和图 6 - 20）。

图 6 – 19　美军排爆试验

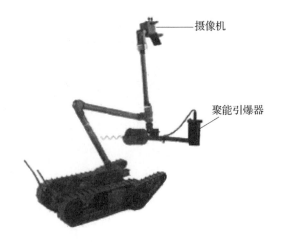

图 6 – 20　美军应用于伊拉克战场的排爆机器人

6.4.1　美军反未爆弹技术

1. 金属射流引爆

（1）金属射流引爆机理。金属射流侵彻靶板时会产生冲击波，炸药在金属射流作用下的起爆，可以认为是冲击波引爆。冲击波在炸药内部产生热点，炸药发生热分解，当产生的热量大于散失的热量时，形成热集聚而使炸药爆轰。金属射流冲击弹药引爆原理，可以简化为破片和盖板后炸药的作用模型，金属射流对盖板装药的作用过程见图 6 – 21。

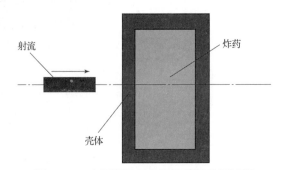

图 6 – 21　金属射流对盖板装药的作用过程

金属射流作用于弹丸壳体，其内部装药会产生强烈的射流冲击波，当这种冲击波在炸药中产生的压力超过炸药临界压力时，炸药就会产生爆炸。假如盖板比较厚，金属射流作用于盖板穿透过程中，就会在射流头部形成弯曲冲击波，弯曲冲击波进入炸药时，当冲击波对炸药的作用强度（即应力波强度）和作用时间达到某一临界值时，弹体装药受金属射流冲击波的影响就会引发爆炸，见图 6 – 22。

（2）金属射流直接冲击引爆装药。如果炸药为裸装炸药或者覆盖板比较薄，金属射流速度有时会大于冲击波速度，当金属射流高速撞击炸药时，产生的冲击波就会瞬时引爆装药。一般来讲，金属射流速度较高，直径较细，发生直接冲击引爆能力较强。聚能破甲弹金属射流，引爆带壳装药现象就属于这种情况。根据 Bruno、Normand、William 等人在弹道学第十四次国际会议上发表的论文，当冲击波直接作用于非均相高能炸药时，其冲击起爆判据计算见式（6 – 9）：

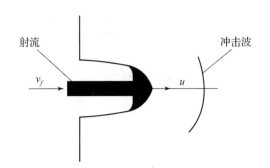

图 6 – 22   金属射流激起的冲击波

$$P^n t = C \qquad\qquad (6-9)$$

式中：P 为作用在炸药表面的冲击压力；对于高能级炸药，指数 $n > 2.3$；t 为飞片中冲击波来回传播的时间；C 为与炸药性质有关的常数。

金属射流侵彻盖板时所产生的脱体冲击波传播速度大于金属射流在盖板中的侵彻速度。因此，冲击波先行到达装药表面，在一定条件下可以引起装药的爆轰，有时出现射流未贯穿盖板，但仍然能够引起盖板后装药爆炸。这一过程比较符合爆炸成型弹丸（Explosively Formed Projectiles，EFP）动能弹丸穿透引爆原理，当 EFP 以 1 800 m/s 的速度侵彻钢盖板时，在盖板中产生的脱体冲击波经装药与盖板界面反射和透射后，传入 TNT 炸药中的透射冲击波压力为 12.89 GPa，大于其冲击起爆阈值 10.4 GPa，冲击波可以引起盖板内的 TNT 装药爆炸。

通常将撞击速度处于 1 300 ~ 3 000 m/s 称为高速侵彻。EFP 以 1 500 ~ 3 000 m/s 的速度侵彻目标，EFP 侵彻为高速侵彻。当 EFP 以 1 600 m/s 的速度侵彻盖板时，进入装药中的冲击波就可以引起装药爆炸，目前多种数据显示 EFP 完全能达到该数值。撞击速度处于 3 000 ~ 12 000 m/s 称为超高速侵彻，射流侵彻靶板即为超高速侵彻。金属射流的速度超过 EFP 的速度，产生的冲击压力远大于炸药临界起爆压力，炸药可以因受冲击波作用而引起爆炸。

根据《爆破器材与起爆技术》介绍，起爆炸药对抛射体临界速度范围，铜为 360 ~ 1 150 m/s，铝为 100 ~ 1 720 m/s，见表 6 – 6。

表 6 – 6   起爆炸药对抛射体的临界速度

炸药	状态	密度/(g/cm³)	临界速度的上下限/(m/s)		
			铜	钢	铝
RDX	压装	1.65	360/400		460/520
RDX, 5% 石蜡	压装	1.59	430/470		520/560
RDX, 5% 石蜡	压装	1.65			560/600
TNT	压装	1.54	530/545	590/510	510/540
TNT	注装	1.61	900/1 150	900/1 150	1 500/1 720
RDX/油	塑装	1.50			760/810
RDX/TNT/Al 蜡	注装	1.75	770/1 050		

金属射流的速度远大于表 6-6 中的起爆速度，说明金属射流能够起爆常见弹丸装药。

（3）热效应引发爆炸。金属射流具有高速度、高温度、高能量密度等特点，使得弹体装药在金属射流作用时，能够引起剧烈的温度变化，炸药热感度限制了炸药的热安定性，在一定温度范围内，超过这个温度范围必然引起炸药的热爆炸。金属射流冲击时产生的温度，远大于多数炸药的热感度范围，金属射流的高温能够引燃或引爆弹丸装药。金属射流作用弹体装药时，其对炸药的撞击和摩擦损耗了部分能量，这部分能量以热能的形式传递给炸药，在炸药内产生"热点"，引发炸药爆炸。基于上述理论观点，金属射流能可靠引爆弹丸装药。金属射流穿透钢板瞬间见图 6-23。

图 6-23　金属射流穿透钢板瞬间

2. 聚能引爆

（1）典型聚能器介绍。目前，在欧美国家，基于聚能装药效应的未爆弹处理方法应用非常广泛，并积累了丰富的实践经验，形成了系列聚能装药销毁未爆弹的产品。下面介绍几种比较典型的聚能器，主要包括 SM-EOD 系统和 JN—CW 系统。

①SM-EOD20 型聚能器（见图 6-24）。SM-EOD20 型聚能器可用于引爆一些可见的地雷、未爆弹药，或被雪、水、土壤覆盖达到 100 mm 的地雷及未爆弹药，也可用于水下作业，一般要求聚能器距离引爆弹药 50~100 mm。

SM-EOD20 型聚能器的主要技术指标如下：

外部直径：24 mm；

长度：55 mm；

总质量（含三脚架）：96 g；

防水深度：80 m；

炸药型号：HWC94.5/4.5/1；

炸药块质量：11.5 g；

药型罩材料：铜；

图 6-24　SM-EOD20 型聚能器

包装：每箱包含 50 号三脚架和 SM-EOD20 型聚能器各 12 个。

②SM-EOD67 型聚能器（见图 6-25）。SM-EOD67 型聚能器主要适用于处理未爆弹药的特殊情况，特别是各种包含电子装置的未爆弹的处理，比如有电子装置的地雷、有绊线的地雷、不能接近的引信装置等，能够引爆可见的或者被雪、水、土壤覆盖达到 1 500 mm 的地雷、未爆弹药，也可以用于水下作业。一般情况下，对准目标装置的距离在 500 mm~3 m，也可以采用光学瞄准装置，瞄准距离在 3~10 m，其安装形式如图 6-25 所示。

SM-EOD67 型聚能器的主要技术指标如下：

外部直径：70 mm；

长度：162 mm；

总质量（含三脚架）：970 g；

防水深度：80 m；

炸药型号：HWC94.5/4.5/1；

炸药块质量：444 g；

药型罩材料：铜；

壳体：铝；

包装：每箱包含 4 号三脚架和 SM - EOD67 型聚能器各 16 个。

③SM - EOD130 型聚能器（见图 6 - 26）。SM - EOD130 型聚能器以与土壤接触的未爆弹药的自由爆发处理为主，也可以爆轰覆盖厚度达 2 500 mm 的雪或水。

SM - EOD130 型聚能器的主要技术指标如下：

外部直径：135 mm、198 mm；

长度：241 mm；

总质量（含三脚架）：6 790 g；

炸药型号：PBXN - 6；

炸药块质量：2 540 g；

药型罩材料：铜；

壳体：塑料；

包装：每箱包含 4 号三脚架和 SM - EOD130 型聚能器各 6 个。

图 6 - 25　SM - EOD67 型聚能器

④SM - EOD190 型聚能器（见图 6 - 27）。SM - EOD190 型聚能器主要用于轰击埋入土壤的不能接触的未爆弹药，可处理被土壤、雪、水覆盖厚达 2 500 mm 的地雷、未爆弹药等。

图 6 - 26　SM - EOD130 型聚能器

图 6 - 27　SM - EOD190 型聚能器

SM - EOD190 型聚能器的主要技术指标如下：

外部直径：220 mm；

长度：297 mm；

总质量（含三脚架）：14 100 g；

炸药型号：PBXN - 6；

炸药块质量：7 830 g；

药型罩材料：铜；

壳体：塑料；

包装：每箱包含 2 号三脚架和 SM – EOD190 型聚能器各 6 个。

⑤JN – CW25 型聚能器（见图 6 – 28）。JN – CW25 型聚能器为该类系统中体积最小的一种型号，具有极高的便携性和充分的安全性，可用于处理非接触的可见的地雷、各类中小口径未爆弹，以及被雪、水、土壤覆盖达 100 mm 的地雷和未爆弹，也可以用于一定深度的水下作业。

JN – CW25 型聚能器的主要技术指标如下：

外部直径：25 mm；

长度：55 mm；

总质量（含三脚架）：95 g；

防水深度：80 m；

炸药型号：HWC94.5/4.5/1；

炸药块质量：11 g；

药型罩材料：铜；

壳体：塑料；

包装：每箱包含 50 号三脚架和 JN – CW25 型聚能器各 12 个。

⑥JN – CW35 型聚能器（见图 6 – 29）。JN – CW35 型聚能器是处理各种未爆弹应用范围最广的型号，可用于处理裸露或被土层覆盖、埋藏深度小于200 mm 的弹药，能够非接触地引爆可见地雷、未爆弹，或被雪、水、土壤覆盖达到200 mm 的弹药，也可用于水下作业。

图 6 – 28　JN – CW25 型聚能器

图 6 – 29　JN – CW35 型聚能器

JN – CW35 型聚能器的主要技术指标如下：

外部直径：35 mm；

长度：90 mm；

总质量（含三脚架）：215 g；

防水深度：80 m；

炸药型号：HWC94.5/4.5/1；

炸药块质量：55 g；

药型罩材料：铜；

壳体：塑料；

包装：每箱包含 30 号三脚架和 JN – CW35 型聚能器各 12 个。

⑦JN – CW70 型聚能器（见图 6 – 30）。JN – CW70 型聚能器可以在 3~10 m 的距离内通过光学瞄准系统瞄准目标，具有很高的精确度，也可实施远距离处理，主要用于处理陷入介质较深的未爆弹和带有电子装置的未爆弹。

JN – CW70 型聚能器的主要技术指标如下：

外部直径：70 mm；

长度：162 mm；

总质量（含三脚架）：970 g；

防水深度：80 m；

炸药型号：HWC94.5/4.5/1；

炸药块质量：444 g；

药型罩材料：铜；

壳体：铝；

图 6 – 30　JN – CW70 型聚能器

包装：每箱包含 4 号三脚架和 JN – CW70 型聚能器各 12 个。

3. 激光销毁未爆弹技术

激光销毁未爆弹技术就是利用激光方向性强、功率密度高等特点，通过强激光在未爆弹表面产生极高的功率密度，使其受热、燃烧、熔融、雾化或汽化，使弹体形成孔洞，最终使其被销毁的一种新技术，它为拓展未爆弹销毁模式、提高未爆弹销毁处理过程中的安全性和可靠性提供了有效的方法手段。

（1）激光销毁未爆弹原理。利用激光销毁未爆弹，就是利用激光器产生高能激光，并使激光能量作用于未爆弹表面，使其打孔侵彻弹体并引爆弹体内部装药。激光打孔侵彻弹体是激光销毁弹药过程中最为重要的环节，本质上是激光与金属材料相互作用。其打孔的基本工作原理为：利用脉冲激光所提供的高功率密度及优良的空间相干性，使弹体被照射部位的材料冲击汽化蒸发。激光打孔侵彻弹体存在着许多不同的能量转换过程，包括反射、吸收、汽化、再辐射和热扩散等，它是由激光光束特性（激光的波长、脉冲宽度、聚焦状态等）和弹体材料诸多的物理特性决定的。激光具有高强度、高方向性、高单色性的特点，将激光经透镜聚焦加热目标弹体，在激光焦点附近，被照射弹体材料上形成上万摄氏度的高温，当温度升至略低于弹体材料的蒸发温度时，激光对弹体材料开始进行破坏，此时主要特征是固态金属发生强烈的相变，首先使弹体材料瞬时熔化出现液相，继而汽化出现气相。由于热能继续增加，熔体温度不断升高，同时由于激光脉冲的热冲击作用，弹体材料的汽化物夹带着熔化物从熔体底部以极高的压力向外喷射，从而在弹体上形成孔洞，完成激光侵彻弹体过程。

从上述工作原理可知，其打孔的具体过程可分为四个阶段：

第一阶段是表面加热。首先聚焦的激光束入射到未爆弹的弹体表面，通过菲涅尔吸收机制在弹体表面几纳米的厚度内聚集热量。弹体材料吸收激光，入射光波穿透材料表面并传播能量到材料表面的电子。被激发的电子碰撞金属点阵，能量很快转化为热量。激光束的热效应相当于在材料表面的圆形热源，热通量分布由激光束的密度分布决定。传热速度取决于金属表面的吸收率，不论是 Nd：YAG 激光还是 CO_2 激光，传热速度一般都是很低的。典型的吸收率分别是 30% 和 10%，同时典型的激光束密度是 10^7 W/mm^2。几乎所有的激光打孔都是由一个激光脉冲完成的，脉冲宽度比金属的热反应时间短。

第二阶段是表面熔化。如果强度和时间充分的话，弹体材料的表面层开始熔化。无论怎样，任何有意义的热传导对于材料来说时间都很短，见图 6 - 31。

第三阶段是蒸发。假定给予充分的激光强度，熔化的弹体材料表面开始蒸发。这时会发生很多状况，完全改变了激光打孔的过程和进展。

一是蒸发的出现增强了材料表面上方的吸收，因此加速了蒸发。

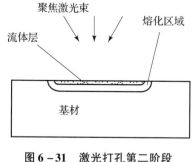

图 6 - 31　激光打孔第二阶段

二是由于表面蒸汽波作用，蒸发的过程致使固体表面变成液体，表面开始变得粗糙。蒸发压力冲击表面，液体被喷射出来。通过光捕获可以增强光束的吸收，由此为通过表面的任何一部分反射回来的光撞击另外一部分光提供一个好机会。另外，液体自身也可能吸收激光，从而变得更热，因此在表面产生了另外一个热源。

三是在一定的条件下，喷出的蒸汽被加热到一定温度时将产生等离子体，通过逆韧致辐射产生额外的吸收，在蒸发中光子碰撞自由电子，把它们的热量转化为电离蒸发的热能。

第四阶段是蒸发喷射。由于表面液体的蒸发，大量物体在此阶段从孔中喷射。

第五阶段是流体喷射。伴随着蒸发喷射，在流体表面产生了一个很强的蒸汽作用压力，压力的作用迫使流体从激光通道一侧排出，见图 6 - 32。

物质的蒸发和熔化是促使激光在材料上成孔的两个基本过程。其中，增大孔深主要靠蒸发，增大孔径主要靠孔壁熔化和剩余蒸汽压力排出液体。在大多数情况下，密度为 $10^6 \sim 10^9$ W/cm^2 的激光辐射脉冲作用一开始，就可以观察到飞溅物的

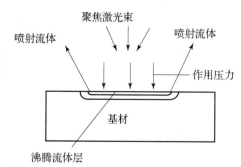

图 6 - 32　由于蒸汽压力产生的熔化喷射

形成和飞散。以后，随着凹坑的尺寸在直径和深度方面的增加，在飞溅物中材料的熔化物占了大部分，它在凹坑的侧壁和底部形成，并且被蒸汽的剩余压力排挤出来。

（2）激光销毁未爆弹系统。激光销毁未爆弹系统目前主要包括激光起爆式未爆弹销毁系统和激光聚能销毁未爆弹系统两大类。

①激光起爆式未爆弹销毁系统。激光起爆式未爆弹销毁系统主要由激光器、导爆管、雷管和起爆器构成，见图 6 - 33。

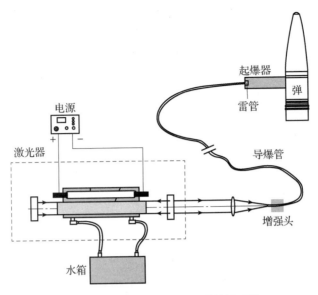

图 6-33　激光起爆式未爆弹销毁系统

　　系统基本工作原理为：激光器输出脉冲激光，经透镜聚焦后进入导爆管内并引爆导爆管，导爆管传播爆轰引爆起爆器内的雷管，进而引爆起爆器，起爆器中聚能装药爆炸挤压药型罩形成金属射流。金属射流完成弹丸壳体穿孔任务后，剩余的射流及射流侵彻弹壳时形成的冲击波对弹丸共同作用使其爆炸，从而达到销毁危险弹药的目的。该装置销毁未爆弹药最突出的优点在于其可靠的激光点火能力和强大的聚能射流侵彻能力，较好地集成应用了激光点火技术与聚能效应，能够满足当前未爆弹药远距离销毁需求，提高了未爆弹销毁处理过程中的安全性。

　　②激光聚能销毁未爆弹系统。激光起爆式未爆弹销毁系统虽然可实现对未爆弹药的远距离销毁，但其属于对未爆弹药的间接销毁。从激光的特性以及其与物质的相互作用可以看出，利用激光产生的热量可以对未爆弹中的含能材料直接进行点火，实现未爆弹的销毁处理。激光聚能销毁未爆弹系统构成见图 6-34，主要包括激光器和光学控制系统。

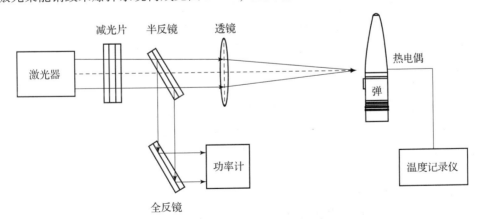

图 6-34　激光聚能销毁未爆弹系统构成

其工作原理为：利用激光器发出的激光辐射未爆弹的弹体表面，并使得弹体温度升高，通过热传递过程，引起与弹体直接接触的弹丸装药等含能材料的升温点火，含能材料发生自持化学反应，当化学反应体系满足热爆炸临界条件时，弹丸装药爆炸，从而达到销毁目标弹药的目的。

此外，若激光强度足够高，激光辐照使弹体熔融汽化，形成孔洞，后续入射激光直接辐射弹丸装药，从而引起弹丸装药等含能材料发生燃烧或爆炸。然而，当前由于受到激光器件和激光大气传输等方面的限制，单纯依靠激光能量较难实现对一定距离之外毫米级厚度的弹体熔化或汽化，后续激光难以直接与弹丸装药发生剧烈的化学反应，但随着激光器件研制水平的不断提高，利用其直接形成孔洞而摧毁未爆弹也将会实现。

6.4.2 美军反未爆弹系统

1. 悍马激光军械失效系统

美国海军爆炸物处理技术部研究的悍马激光军械失效系统，通常被称为宙斯系统，它是一种将中等功率商用固态激光器和光束控制系统集成进悍马车，用来清除 UXO、IED 和地雷的武器系统（见图 6-35），其组成主要包括高功率激光器、束定向器、标记激光器、彩色视频相机、控制台及配套的支持系统。

图 6-35　悍马激光军械失效系统

宙斯系统的工作原理是：采用视频相机发现目标后，利用控制手柄调整相机位姿，使目标处于屏幕中心，此时与视频相机位于同一个视轴上的激光器和束定向器就瞄准了目标，然后将标记激光射向目标并选择瞄准点，高能激光器产生的光束通过束定向器聚焦射向目标，使其装药着火燃烧而被摧毁。宙斯系统的射程为 25~300 m，排除单个 UXO 需要 2 s~4 min，一般不超过 30 s，每支激光枪成本仅需几美分，最多可发射 2 000 次/d；同时，该系统可用运输机空运或直升机空投，机动性强。

宙斯系统已在阿富汗和伊拉克进行了实战部署，目前配备的是 10 kW 的光纤激光器，能排除从塑料地雷到大型厚壁的 155 mm 炮弹和 500 lb 常规炸弹等 40 余种不同类型的军械（包括地雷、改型常规弹药、迫击炮弹、枪榴弹、火箭弹、火炮炮弹），并具有在雨中和夜晚清除 UXO 的能力。

2. 激光复仇者武器系统

美国波音公司还在复仇者武器系统上加装了激光系统（见图 6-36），并于 2007 年 9 月成功摧毁了 5 个 UXO、IED 目标以及 2 架停放在地面的小型无人机。试验中使用了美国 IPG 光子公司公开销售的 1 kW 掺镱的光纤激光器，采用单发射体二极管抽运，有闭环的水冷系统，射程为 100 m ~ 1 km。另外，其探测系统为前视红外雷达，电源系统为 400 A、24 ~ 28 V的直流电源（由悍马车的交流发电机输出整流后提供）。

图 6 - 36　波音公司的激光复仇者武器系统

2008 年 12 月，在美国白沙导弹靶场，美国波音公司利用激光复仇者武器系统在复杂的山地和沙漠环境中瞄准和跟踪了 3 架小型无人机，并击落了其中的 1 架，这标志着作战装备首次利用激光击落了无人机。2009 年 12 月初，在美国陆军红石兵工厂，波音公司声称激光复仇者武器系统又摧毁了 50 种不同的爆炸装置。

3. 利弗莫尔开发采用固体热容激光器的反 UXO、IED 系统

美国能源部利弗莫尔实验室在成功开发高功率的固体热容激光器后，提出了用激光远程清除 UXO、IED 和地雷的设想。首先用探测设备（例如钻地雷达）判明目标（UXO、IED 或地雷）的位置；然后用脉冲激光照射，使地下水微爆，掘去目标上方的土壤（包括帆布、植物等其他覆盖物）露出目标；最后利用激光加热、烧穿目标的外壳，使其内部炸药低效爆炸，从而销毁目标。操作员可调整光束功率与光斑尺寸来优化掘土及引爆这两个过程。

脉冲激光具有掘土能力，目标上面掩埋的土壤吸收照射激光的光束能量，并将热量迅速地传导至土壤中少量的水分使其汽化。当土壤的强度承受不住水蒸气的压力时，将产生微爆炸使土壤喷出。利弗莫尔实验室用 SSHCL（1.5 kW，2 Hz，500 J/脉冲）进行了掘土试验，结果见表 6 - 7。

表 6 - 7　激光掘土试验结果

入射角度/(°)	脉冲个数	掘土结果	掘土效率
90	8	形成的坑直径 25 ~ 30 mm，深约 15 mm	深度 2 mm/脉冲
10	40	形成的掘沟长约 100 mm，最大宽度 36 mm，最大深度约 22 mm	平均 1 cm³/脉冲

4. SM - EOD 系统

萨博博福斯动力瑞士公司（SBDS）（前身为 RUAG 集团陆地系统和弹头公司）生产了一系列聚能装药装置和附件，它们适用于大多数类型的未爆弹药的爆炸处理。SM - EOD 系

统由起爆单元、聚能装药装置和安装夹具组成。各种各样的安装夹具（包括可调节三脚架和可调杆）可用于不同的地面条件。有两种瞄准装置：最小的两种装药装置采用 SM – Aim20/33 瞄准装置，而 SM – EOD67 采用 Aim67 光学瞄准装置。

SM – EOD 装药装置用于销毁 5 克至 1 000 多公斤的各种类型的未爆弹药，这些弹药需要在不直接接触的情况下进行破坏。未爆弹药和地雷会在执行高阶任务或低阶任务时进行处理。

由于 SM – EOD 系统使用的高精度聚能装药装置的标准偏差非常小，因而该系统具有很高的可重复性和可靠性，处置任务也更加安全。

套管主要由塑料构成，这样散落的碎片会很小且迅速减速。使用少量炸药时，就能确保产生低压波，与套管材料结合使用时，最大安全半径为 50 m（该安全半径仅指 SM – EOD 系统的安全半径，而非待处置未爆弹药的安全半径）。

SM – EOD 系统使用的药包与目标物间距不同，套管深度和未爆弹药反应程度也不同。SM – EOD 系统可用于引爆地表、地下（土壤深度取决于装药装置和未爆弹药）或水下的未爆弹药（设备防水深度为 80 m）。在非常恶劣的环境中，它可以采用烟火起爆或电力起爆。

由于其结构简单、使用方便，因而所需培训时间非常短暂。培训结束时提供参考手册，该手册描述了许多未爆弹药和地雷及正确处理它们的方式。

所有产品均符合 NATO 标准，可以使用各自相应的北约库存编号进行订购。它们还通过了联合国资质认证，获得了联合国零件编号（P/N）。为了应对紧急情况，三种最小口径的产品可以使用空运（1.4S 类）。

SM – EOD 系统包含四个 SM – EOD20 系统和四个 SM – EOD33 系统（见图 6 – 37），这些系统和所有必要的附件都装在一个坚固的塑料运输箱中。

图 6 – 37　带 60 mm 高爆炸性迫击炮弹的 SM – EOD33 爆炸物处理装置

SM – EOD 系统的主要特性有：

（1）不与未爆弹药、地雷或简易爆炸装置接触；

（2）药包与目标物间距达 10 m；

（3）安全半径不大于 50 m；

（4）对电磁产品无干扰；

（5）随时可用（无须手动填充炸药）；

（6）禁止在地下挖掘地雷；

（7）低阶和高阶任务；

（8）电力起爆或烟火起爆；

（9）可用于恶劣环境；

（10）符合联合国和北约标准。

6.4.3　远程激光智能化排弹关键技术

远程激光智能化排弹系统主要包括高功率激光器、光束指向控制器、探测系统、标记激光器、电源和冷却模块几部分，此外还应包括确保激光束不会射向其他人员和车辆的混合预测和安全规避系统，以及提供系统控制和记录全部激光活动的智能显示控制系统。系统应解决"看得见、打得着、可控制"的问题。所谓看得见，即探测系统能准确标明目标位置；打得着，则要求激光能到达并能毁伤目标；可控制，就是利用激光引燃而不是引爆危险爆炸物。其关键技术、面临的主要问题、原因及解决途径主要如下所述。

1. 多传感器复合探测技术

要实现远程激光智能化排弹，前提就是探测到目标的位置，同时为确保激光束不会射向其他人员和车辆，也需探测到作用范围内的保护对象，以便进行预测和安全规避，而不同的探测目标与环境，对传感器的要求也不同。

UXO 的探测设备主要包括合成孔径雷达、红外探测器、金属探测器、嗅觉传感器、脉冲热中子仪、质子热成像仪（见图 6-38）等。目前主流的研究方法包括磁法探测技术、探地雷达探测技术等。磁法探测技术通过磁传感器探测弹丸产生的磁场强度，采用模式识别技术进行 UXO 的搜索与探测；探地雷达则通过主动发射和接收特定频谱的信号，对地面以下的 UXO 进行定位。在实际应用中，目前国内主要还是通过人工搜索方式进行 UXO 的弹孔定位。

图 6-38　质子热成像探地雷达成像仪

解决的途径是大力研究多传感器复合探测技术，通过融合不同传感器的探测信息，全面清晰构建人员车辆等战场环境，为实现激光远程智能化排弹奠定基础。

2. 高可靠、紧凑、高能激光器技术

高可靠、紧凑、高能激光器技术是远程激光智能化排弹系统的核心，应具有运行效率高、功率高、功率可调性范围大、可靠性及稳定性高、体积小、环境适应能力强等特点。复杂的地域环境对危险爆炸物销毁的机动性要求日益严苛，因此要在提高功率、减小体积上下功夫。目前，仍然面临一些挑战，包括功率、体积、电力、冷却、材料技术等。解决的途径有以下几点：

（1）发展基于合束的模块化光纤战术激光武器（见图 6 - 39 和图 6 - 40）。同样的输出功率，光纤激光器的优势明显，包括光束质量、光传递特性、散热特性、可靠性和体积大小等，易于实现高效率和高功率。采用的光纤激光器功率越大，能够销毁的弹药口径越大，弹体越厚，装药感度越低，销毁距离越远，效率也越高。

图 6 - 39　波音公司战术激光车

图 6 - 40　美军 ABL 激光战机

获取高功率、高亮度激光和远距离传输的有效途径是集成多个光纤激光器组件形成光纤模块化激光器，利用非相干合成或光谱合成技术产生强激光束。理论上而言，N 路光纤激光通过相干合成，远场光斑的峰值强度可实现单路时的 N^2 倍，获得高亮度，并且，相干合成光束具有更好的大气传输效果。这是战术激光武器实现 10 kW 以上功率量级输出的关键技术。主动相干合成需要非常复杂、昂贵的相位检测和控制装置及其算法；被动相干合成一般利用特殊的耦合结构和器件自组织完成锁相，技术相对简单可靠，但要实现大功率定标放大也有一定难度。

　　激光器的模块化设计不仅能提高激光武器的作战适用性，使激光束的功率可调性范围大，满足不同任务威胁需求；而且不易因单个激光器损坏而引起整套系统出现故障，方便维修保障。2009 年 3 月，美国诺斯罗普·格鲁曼公司实现了输出功率 15 kW 的单模块固体激光器的工程化，7 路光束相干合成实现了功率 100 kW 的输出，可用于击毁空中目标，并于2010 年就开始了进场试验。2009 年 6 月，美国 IPG 公司研制的单模光纤激光器，输出功率已实现 10 kW，能连续工作上万小时；后来制造出输出功率超过 100 kW 的大功率光纤激光器，可采用单模和多模方式，具有高稳定性和极长的泵浦二极管寿命。2013 年，德国KLENKE 等报道了 4 路百瓦级飞秒脉冲激光相干偏振合成系统，平均输出功率为 530 W。2015 年 10 月，美国洛克希德·马丁公司开始为美国陆军生产新一代模块化高功率激光器。图 6 - 41 为美军激光复仇者击落无人机的场景。2016 年，国内某研究所基于主动锁相相干偏振合成系统实现了 4 路 0.5 kW 级全光纤窄线宽保偏放大器的共孔径合成输出。当相位控制系统处于闭环状态时，整个合成系统的输出功率达 2.164 kW，合成效率为 94.5%，这是目前相干偏振合成系统的最高输出功率。

图 6 - 41　美军激光复仇者武器系统击落无人机场景

（2）发展脉冲或复合固体激光器。目前，国际上普遍采用连续激光工作制式。仿真和试验表明，它存在以下弊端：作战时间长、供电消耗大；对于战略导弹等旋转目标，因无法对准某一点进行烧蚀，无法损伤；因加热表面抗高温能力强的高速飞行器慢，难以有效损伤。

法国圣路易斯法德研究所在 2002 年发现，采用平均功率 15 kW 的脉冲 CO_2 激光（150 J，2 ms，100 Hz）照射铝合金板数秒钟就可烧出小孔，而采用平均功率 30 kW 的连续激光，需要 2 倍多的时间才能烧出小凹坑。俄罗斯采用钕玻璃长脉冲激光武器，在距离 500 m 处，击穿了 150 mm 的钢柱。美国 DILAS 公司 2012 年已研制出波长 766 ~ 992 nm、占空比 25%、峰值功率 1 kW、脉宽 10 ms、重频 25 Hz、基温 45 ℃的新型军用高功率脉冲 LD。

（3）强激光大气传输及自适应光学技术。激光远距销毁弹药时，必须综合考虑大气吸收、散射和湍流效应等线性传输效应以及高能激光特有的热晕、光击穿非线性效应，这是进行可行性分析的基础和光学工程设计必须考虑的重要因素。同时，激光器的体制不同，大气传输效应也不同，如激光波长短，衍射效应小，但光学镜面瑕疵影响大；激光波长，虽然光学镜面瑕疵影响小，衍射却很严重。只有长期坚持测量大气光学特性和深入研究激光在实际大气环境中的传输试验，才能对激光大气传输的线性和非线性效应的特性进行全面掌握。

解决激光大气传输畸变的重要途径是采用自适应光学技术，它通过调整快速反射镜（Fast Steering Mirror，FSM）和变形镜（Deformable Mirror，DM）以及波前校正器和控制技术来纠正光束的扩展和畸变，从而提高光束质量（见图 6 - 42）。

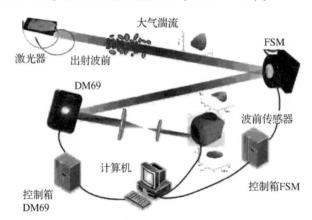

图 6 - 42　基于快速反射镜变形镜组合的自适应光学系统

3. 激光与危险爆炸物作用机理

研究激光对材料的毁伤作用主要包括热破坏、力学破坏和辐射破坏（见图 6 - 43）。对危险爆炸物而言，一般认为激光作用以热破坏效应为主。在这方面，国内研究对激光与裸露装药的相互作用关注较多，对激光与带壳装药，特别是激光直接销毁危险爆炸物的作用机理研究关注较少。下一步要着重加强这方面的研究，特别是不同环境条件下激光的特性参数（包括功率入射角度、光斑尺寸、作用时间等）与危险爆炸物（包括种类、材质、部位、壁厚等）引燃的关系，关键是要弄清楚激光引爆与引燃危险爆炸物的临界条件。

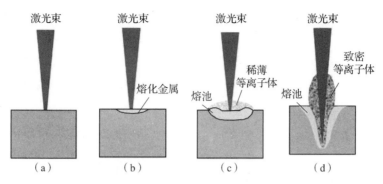

图 6 – 43　激光与材料相互作用

（a）固态加热；（b）表层熔化；（c）表层熔化，形成增强吸收等离子体云；

（d）形成小孔及阻隔激光的等离子体云

温度升高—熔化—汽化—形成小孔、等离子体

激光与材料相互作用下的物态变化：相变态—液态—气态—等离子态

6.5　美军反水雷

在海上作战中，水雷战包括布雷和反雷措施（Mine CounterMeasures，MCM）的战略、战役和战术运用。它分为两种基本类型：通过布雷降低敌军从陆上、空中及海上发动战争的能力；对付敌人的布雷以使己方可机动运动或使用选定的陆上或海上区域。自 1776 年布什内尔炸药桶（Bushnell Keg）发明以来，水雷战就一直是海战的一个重要因素。自美国独立战争以来，在涉及美国的每一次重大武装冲突中，布雷和反雷措施都发挥了重要作用。在世界军火市场中，水雷价格低廉、易于采购、性能可靠、效能好，而且情报机构难以追踪。世界上有 50 多个海军拥有布雷能力，而相当多的国家，其中许多是已知的地雷出口国，积极从事新型号的研制和制造工作。尽管储存的这些武器大多相对陈旧，但它们仍然具有较大的杀伤力，而且往往可以升级。因此，这种武器系统具有极好的投资回报（弹药成本与毁伤范围之比）。在战争的其他阶段，战术和计划中的环境注意事项比水雷战发挥更重要的作用。在一定程度上，水雷箱、水雷传感器、目标信号、反雷措施系统都会受到大量环境因素的影响。其中许多因素非常重要，可能会影响到反雷措施设备或程序的选择。做出基本的猎雷或扫雷决策，以及随后在一个地区使用的技术，都应以环境评估为基础。

在布雷和反雷措施的战略、战役、战术和技术计划中，环境发挥着至关重要的作用。水雷战环境决策辅助库（Mine Warfare Environmental Decision Aids Library，MEDAL）是一种主要的水雷战战术计划和评估工具。水雷战环境决策辅助库是全球指挥和控制系统的海上的一个组成部分，它可以提供对地雷战环境和地雷威胁数据库的访问途径，这些数据库可以支持上述计划职能。在环境条件有利于地雷运输和布设后的地雷效能时，才会开展布雷任务。地雷和部件（外壳、传感器和目标信号）都会受到无数环境因素的显著影响。反雷措施中的环境注意事项见表 6 – 8。

表6-8 反雷措施中的环境注意事项

类别	因素	主要作战影响
海岸地形和地标	边缘地形、自然和人为地标、飞机航迹危害、浅滩和其他对水面艇有威胁的水下危险	导航控制、精确飞行限制和模式控制
大气特征	气候条件、明暗持续时间、能见度、气温、风、降水、风暴频率和结冰情况	不利的大气条件、平台和设备的选择、部队级别要求和后勤问题共同面临的所有战役级限制和约束
水深	水深测量、季节性风暴、河流径流	与要对付的水雷类型有关的作战区域范围、反制措施、平台、装备和战术的选择;水下运用面临的限制
海浪和拍岸浪	海浪和涌浪条件、拍岸浪特性	水面船只、爆炸物处理人员和防雷设备的行动限制;压力水雷的触发概率;扫雷的速度和方向;探雷能力
潮流	表层和次表层洋流模式,包括潮汐、海浪和源于河流源的洋流	排水型船舶和拖曳设备的导航和机动;导航误差;潜水员操作限制;对水雷埋设的影响
冰情	海冰厚度和范围	根据冰的范围和厚度修改、限制或排除相关行动
水柱性质	水温、盐度和清澈度	温度对潜水艇行动的影响;通过目视或光学定位系泊或沉底水雷的能力;磁力扫描电导率的温度/盐度汇编;声呐深度和效能
海底特征	海底崎岖不平、器材、强度和稳定性	关于采用扫雷技术的决策;机械扫雷装置的局限性;水雷的埋深
声环境	声速分布、声传播/衰减、声散射和混响	声呐设置、探测范围和效能、声扫雷路径和安全性、水雷触点数和声呐猎雷效率
磁环境	电导率、磁性水雷触点数、环境磁背景	能够使用开放式电极扫雷;磁力扫雷装置建立的磁场的范围和强度;限制磁力猎雷效率的类似水雷目标数量;磁强计探测器的有效性
压力环境	由于波浪作用引起的自然压力波动	考虑到压发水雷的触发概率,因此选择常规"豚鼠"(一种反水雷舰艇)扫雷技术
生物环境	生物污垢、有害海洋生物	目视或用声呐探测水雷并对其进行分类的能力;对潜水员构成潜在危险的海洋生物

6.5.1　布雷

　　布雷是地雷战中的两个不同的细分领域之一。这一战斗学科被用于保障一系列"旨在建立和维持对重要海域的控制"的广泛任务。布雷包含一系列方法，即我方可以利用水雷对敌人的航运造成损害，以阻碍、扰乱和破坏敌人海上行动。水雷可用于进攻或防御，以限制敌人水面舰艇和潜艇的行动。这些水雷可以单独用于阻遏自由进入港口、海港和河流，还可以用于阻遏海上交通线。水雷还可以作为一种力量倍增器，用来增强其他军事资产效能，从而减少来自水面和潜艇的威胁。这种行动的目的是对挑战雷场的舰船造成损伤，从而对其防御、进攻和后勤工作产生不利影响。它还可以迫使对手协同开展反雷措施工作，其规模会超过布雷行动本身的规模。在基地被扣留或在过境过程中被阻碍的舰船，可能会被视为对眼前战争无用，短期效果就像它们在其他情况下被击沉或摧毁一样。此外，运输延误的代价可能与实际损失一样昂贵。布雷所造成的威胁可能是真实的或可察觉的，但布雷会迫使敌人与未知的力量作战，从而对敌人产生重大的心理影响。图 6-44 为美军研发的智能水雷——双髻鲨水雷。

图 6-44　美军研发的智能水雷——双髻鲨水雷

　　1. 布雷目标

　　一旦发生战争，在执行保持海洋控制方面，美国海军执行主要任务的能力可能会受到来自敌人水下、水面和空中的严重威胁。美国可以通过布雷减少对来自敌人潜艇和水面的威胁。此外，可能需要对商船采取进攻性措施，其中可能包括限制某些航道，禁止所有航运同行。因此，布雷构成了其他作战领域（特别是反潜和反水面舰船作战领域）的一部分，也是对这些领域的一种补充。水雷或其潜在存在的威胁可能使敌人无法自由和安全地使用对其行动至关重要的海域，或者相反，水雷可能被用来保护己方港口、航道和海岸免受来自敌人的两栖攻击。战争物资运输的延误和中断可能会使敌人丧失关键的进攻和防御能力。历史表明，被限制在其基地内或因布雷行动而在运输途中受到阻碍的敌舰无法在眼前的战争发挥任何作用，因此运输延误的代价可能与实际损失这些舰船一样高。

　　2. 美军布雷策略

　　如果发生战争，美国的政策将是进行进攻性、防御性和保护性布雷。其目的是通过破坏和干扰敌人潜艇和水面战舰的行动来减少其产生的威胁，阻遏敌人的炮台和指定港口，以压制或摧毁敌人战舰和商船，并保卫美国和盟军航运。更具体地说，水雷可以与其他作战部队一起使用，通过以下方式帮助己方控制海洋：

（1）阻遏敌人为外交、经济或军事目的而使用指定的海域、港口或水道。

（2）影响敌人的行动和方向，或者以其他方式限制敌人的行动，以保障己方部队的作战效能。

（3）保护港口、沿海航道、航线和指定作战区域。

（4）直接摧毁敌舰和潜艇。

（5）实施封锁，在有限的战争情况下提供政治杠杆。

（6）阻遏敌人实施两栖作战的能力。

6.5.2 军种注意事项

1. 陆军—海军

海军（美国海军和美国海军陆战队）的职责结束于沿海岸的舰艇登陆地域的陆地界限，但延伸到内陆，因为在那里有与海连同的水域。当海船无法航行时，美国海军的职责通常也就结束了。如果海上资产能够在美国陆军舰船需要航行的航道上实施反雷措施，机动指挥中心很可能会接到清扫水雷的指示。在美国、沿海上交通线的拥塞点或登陆港口，如果有水雷威胁，则可能会推迟或完全终止保障海外战役所需的物资运输。联合特遣部队指挥官在面临布雷威胁时，应通过战区级联合作战部队司令申请反雷措施支援。在某些情况下，来自北大西洋公约组织或盟国的反雷措施部队可以在经适当的国家协调后提供反雷措施保障。

2. 空军—海军

除了保障进攻性反雷措施，美国空军在保障地雷战部队方面还扮演着两个重要角色。首先是埋设地雷。美国空军轰炸机可以在距离美国很远的地方投运地雷，在完成联合司令部指令规定的布雷计划方面发挥着关键作用。图 6 – 45 为美军部署的快速打击增程（QS – ER）空投水雷。第二个是空中机动司令部可以部署空中扫雷和水下反水雷措施部队，以及地雷战指挥与控制机构，并且，通过空中机动司令部飞机可以继续运送关键维修部件。即使在所有反雷措施部队通过海运完成部署的情况下，关键维修部件的快速交付对于保持反雷措施部队的战备状态也是至关重要的。对于进攻性反雷措施，美国空军是保障陆军、海军陆战队和海军的联合突击开辟通路系统的关键组成军种。

图 6 – 45 美军部署的快速打击增程（QS – ER）空投水雷

3. 海军陆战队—海军

为了保障在布雷环境中的两栖作战，美国海军排水型船舶和登陆艇气垫负责将美国海军陆战队开辟通路的资产运送上岸。通过使用联合突击开辟通路系统对冲浪区至高潮标记实施"强力"扫雷，其中需要用到爆炸性扫雷系统或方法。通过非常浅的水域（40～10 ft 等深线）的突击水道的扫雷任务将由海军第 1 特种清除小队执行。美国海军陆战队的快速部署（不包括那些已经登上两栖船舰的部队）是通过将人员空运到一个有利的位置来实现的，在那里他们可以与储存在海上预置舰中队舰船上的设备相结合。与运载美国物资或水面反水雷措施小艇的军事海运司令部舰船一样，必须为海上预置舰中队船只提供畅通的航道、安全的锚地和卸载物资的港口。在某些情况下，海上预置舰中队舰船应加入两栖舰船，并得到反雷措施部队的保障，以执行海岸作业后勤任务。图 6 - 46 为美军测试新型反水雷无人艇。

图 6 - 46　美军测试新型反水雷无人艇

4. 美国海岸警卫队

美国海岸警卫队是国土安全部的一部分，但在宣战时奉命转移到海军部开展行动或总统另有指示的情况除外。大西洋和太平洋海岸警卫队地区司令由美国海岸警卫队舰队司令担任，他们也分别是美国北方司令部和美国太平洋司令部联合部队海上组成部队司令部的东部和西部海岸警卫队司令。海岸警卫队地区指挥官有权向联合部队海军组成部队司令分配适当的美国海岸警卫队部队，以保障水雷战行动。在涉及布雷和反雷措施的演习中，美国海岸警卫队也经常参与其中。在不是常规美国海军作战地区的区域开始布雷和反雷措施演习之前，水雷战司令部指挥官必须酌情与东部或西部海岸警卫队司令建立联系。东部海岸警卫队或西部海岸警卫队司令应通知下属美国海岸警卫队司令部，并根据需要协调美国海岸警卫队的参与和支持。美国海岸警卫队 Juniper 级航标船已经并可能在许多情况下使用便携式侧扫声呐设备进行调查作业。在冲突期间，美国海岸警卫队的资产可能用于支持路线勘测和反雷措施部队在美国领海开展地雷战行动。图 6 - 47 为美国海岸警卫队进行舰机联合反雷训练。

6.5.3　反雷措施

反雷措施是构成地雷战的两个不同学科中的第二个。反雷措施包括为防止敌人地雷改变己方部队的海上计划、行动或机动而采取的所有行动（见图 6 - 48）。在友军海军和海上后勤部队进入和通过特定水道时，如果采取反雷措施，则可以减少敌人布设的水雷所带来的威胁和影响。图 6 - 49 为国际海军装备展上展示的用于反水雷的无人系统。

图 6 – 47　美国海岸警卫队进行舰机联合反雷训练

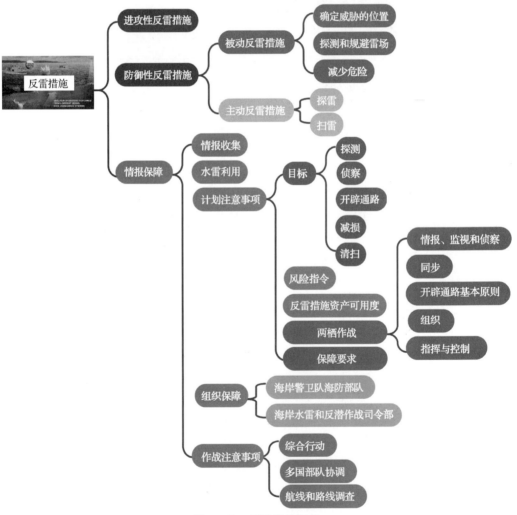

图 6 – 48　反雷措施汇总

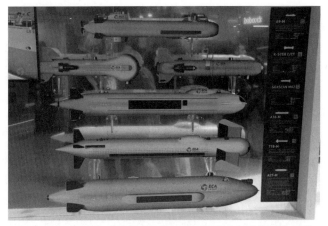

图 6－49　国际海军装备展上展示的用于反水雷的无人系统

1. 进攻性反雷措施

对付地雷威胁的最有效手段是防止敌人埋设地雷。进攻性反雷措施在敌人布雷前摧毁敌人的地雷制造和储存设施或布雷平台。虽然是地雷战中的一种附属行动，但这些行动通常并不是由地雷战部队实施的。因此，参与反雷措施计划人员必须确保敌人地雷层、地雷储存以及最终地雷生产设施和资产被考虑列入联合目标清单。

2. 防御性反雷措施

防御性反雷措施的目的是应对已经布设的地（水）雷。在冲突结束后，为了消除或减少残留的水雷对航运构成的威胁，还应采取某些措施。然而，最具防御性的反雷措施行动是在冲突期间进行的，以保障（赋能）其他海上行动，如兵力投送行动。防御性反雷措施包括被动反雷措施和主动反雷措施。

（1）被动反雷措施通过降低舰船对水雷引爆的敏感性，在不对水雷本身进行物理攻击的情况下减少已布设水雷的威胁，主要采取三项主要的被动措施：确定威胁的位置、探测和规避雷场以及减少危险。

①在对威胁实施定位后，会指定一个渡越航线系统，一般被称为航线，所有船只都将使用该系统，以尽量减少暴露在布有水雷的水域中的概率。如果以前没有指定渡越航线，则反雷措施计划人员采取第一步措施就应该是建立渡越航线，以最大限度地减少运输风险，并为集中主动反雷措施工作创造有利条件。

②探测和规避雷场可以通过利用情报信息或建制内反雷措施部队来完成。当地点确定后，己方运输可能会在该区域周围进行。见图 6－50，探测和规避雷场是免受水雷攻击的一个主要方法。

③减少威胁主要是由单艘舰船实施，而不是由反雷措施部队计划和实施。可以通过控制与地雷传感器的潜在相互作用程度来降低风险。针对触发水雷，减小吃水深度和设置更多瞭望人员可以减少可能击中船体的水雷数量。对于感应水雷，可以通过控制舰船的排放物来阻遏所需的激活信号。使用舰船上的削弱磁场设备或外部消磁设备、使舰船静音以最大限度地减少辐射噪声，或设置最小速度以减少压力信号，这些都是减少行动风险的例子。其他类型的减少风险包括在发生地雷爆炸时增强舰船的生存能力。

图 6－50　探测和规避雷场是免受水雷攻击的一个主要方法

（2）当单靠被动措施不能保护交通运输时，应采用主动反雷措施。这就需要对地雷的爆炸功能进行物理干扰或采用切实手段摧毁地雷。猎雷和扫雷是现役反雷措施中最常用的技术，两者都需要反雷措施指挥官提供详细的情报和广泛的计划，以有效地应对威胁。

①探雷。探雷涉及使用机载、水面或水下的传感器和能使水雷无效的系统，发现并排除具体水雷。当扫雷方式不可行或不可取时，可进行猎雷，以排除已知区域内的水雷，或确认指定区域内是否存在水雷。高分辨力传感器被用于定位水雷。在找到水雷后，通过使用遥控船只、海军第 1 特种清除小队或爆炸物处理潜水员目视识别水雷并埋设装药对其进行摧毁或清扫。与扫雷相比，猎雷对反雷措施部队的风险更小，覆盖范围更广，探测到水雷的概率更高。图 6－51 为 MH－60 直升机上的 ALMDS 机载激光反水雷系统。

图 6－51　MH－60 直升机上的 ALMDS 机载激光反水雷系统

②扫雷。扫雷由水面艇或飞机实施，其中会用到机械拖曳设备或感应扫雷系统（见图 6－52）。机械扫雷使用专用装备的电缆切断系泊的地雷电缆，使地雷浮出水面，然后由爆炸物处理潜水员在获得当地指挥官的批准后对其进行销毁。感应扫雷包括使用拖曳或流式装置，发射声波、磁或声—磁信号组合来触发感应水雷。目前，能够触发复杂水压水雷的唯一方法是动用实际舰船，因此这不是一种切实可行的扫雷技术。

图 6 – 52　扫雷是一种主动海上反雷措施，由水面舰艇或飞机实施

3. 情报保障

（1）情报收集。在海上反雷措施行动之前，情报可能显示水雷储存地点的类型、数量或位置。在利用上方传感器系统和探测水雷移动的情报系统对水雷储存位置进行监视之前，就有了这些情报。在所有从来源获得的关于水雷向布雷平台移动以及布雷平台随后移动的情报中，都可以获得关于雷场类型、大小和位置的预先信息。在布雷可能构成威胁的情况下，特别是在危机应对和应急行动中，必须针对这类威胁，及早开始跟踪和专门收集相关情报，并充分提供关于水雷活动的系统性可靠估计。可以建立一个联合反雷措施跟踪小组，集中负责收集这一领域的情报。

（2）水雷利用。在反制任何水雷方面，其关键都是应对水雷传感器和目标电路有详细的了解。关于敌人布雷行动的所有来源的情报可以帮助确定传感器的类型和采用的目标处理方式。然而，通过在反雷措施行动期间实际利用打捞上来的水雷，可以获得更准确的数据。这种利用可以提供关于地雷设置和地雷改装情报的信息。图 6 – 53 为我国新型扫雷舰群在南海展开反水雷作战演练。

图 6 – 53　我国新型扫雷舰群在南海展开反水雷作战演练

（3）计划注意事项。反雷措施计划过程始于对形势的估计和最终导致反雷措施任务命令发布的任务说明。支援司令部必须提供某些任务定义方面的信息：

①目标。任务说明包括一个主动反雷措施的目标、一个可接受的风险因素和一个具体的作战区域。在某些情况下，还需要衡量相关行动的有效性。反雷措施指挥官必须从图6-54所列的清单中选择一个具体目标，如下文所述。

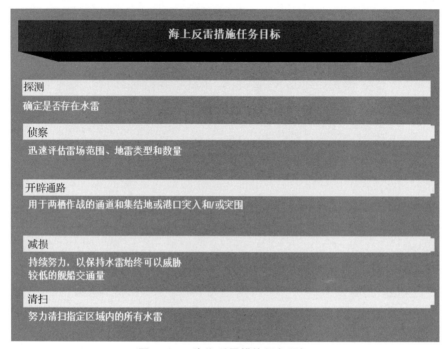

图6-54　海上反雷措施任务目标

a. 探测。探测的目的是确定是否有水雷，当怀疑有敌人雷场时，通常第一个目标就是探测。如果没有发现水雷，搜索精度的置信度是效能指标。

b. 侦察。侦察行动的目的是迅速评估雷场的范围以及估计存在的水雷数量和类型。效能指标通常是一种价值判断，这种判断以水雷的有效性、类型和给定区域的覆盖程度为基础，使用既定的探测和/或规避概率。

c. 开辟通路。当两栖作战或港口突入和/或突围需要快速打开通道和集结区时，就要实现开辟通路目标。当没有足够的时间或部队实施高百分比的扫雷行动时，就将选择实现这一目标。对于突围行动，被支援的指挥官应该指明反雷措施行动可用的时间量。反雷措施指挥官应做出如下估计。

d. 减损。减损目标要求持续或频繁开展反雷措施行动，以便在较长一段时间内继续通过布雷水域的情况下运输，将水雷对舰船运输的威胁保持在尽可能低的水平。当由于某些因素而不能迅速清扫水雷时，就应使用减损手段，这些因素包括敌人的雷场有补给、敌人水雷有解除保险延迟装置或有较高的非触发水雷定次器设置等。被支援的指挥官应向反雷措施指挥官提供航运目标所面临的预期初始威胁，并要求报告该航运目标的估计实现情况。

e. 清扫。扫雷的目的是消除指定区域的水雷威胁。由于很难确保清扫所有水雷，因此应为清扫水雷规定一个百分比目标，以便反雷措施指挥官能够衡量和报告进展情况。为了实现清扫目标，反雷措施特混编组必须能够在可用时间内执行任务，必须推迟通过相关区域的交通，直到清扫完成位置，必须确保敌人补给相关区域的概率很低，而且必须对大多数水雷制定至少一种形式的主动反雷措施。清扫目标的一个特殊方面是有限清扫，即在雷场中只清扫特定类型的水雷。如果反雷措施部队不足，无法在可用时间内完成清扫行动，或者现有的反措施不能有效地对付相关区域内的所有类型的地雷，则可指示开展有限的清扫行动。如果只能假定某一区域内地雷的特性，则可根据必须过境该区域的舰船类型实施局部清扫。图 6 - 55 为我国海军某基地舰艇清扫水雷训练。

图 6 - 55　我国海军某基地舰艇清扫水雷训练

　　②风险指令。某些反雷措施技术在对付某些类型的地雷时具有固有的危险性。为了确定适当的反雷措施技术，除了目标，反雷措施指挥官还必须就反雷措施部队最大可接受的风险水平给出一些指示。当行动有时间限制时，为了实现目标，必须选择接受更高水平的风险。

　　③反雷措施资产可用度。反雷措施战术取决于可用的时间和资产。将反雷措施部队移动到雷场所需的时间，而不是完成反雷措施行动的可用时间，是一个关键的决定因素。空中扫雷部队的主要能力是对所有布雷威胁发出紧急通知，并做出快速反应。为了最大限度地提高反应能力，这些部队牺牲了一定程度的效能和持久性。另外，水面反水雷措施部队的效能更高，但由于运输速度相对较慢，因此响应时间较长。对于远距离运输，重货运输船可以更快地将水面反水雷措施部队运送到作战区域，而且损耗更少。在时间和情况允许的情况下，在使用水面反水雷措施资产之前，应先使用空中扫雷资产进行前期雷场清扫。这将为水面舰艇提供更大的安全度，水面舰艇比直升机更容易受到地雷引爆的影响。图 6 - 56 为"海龙"扫雷直升机。

图 6 - 56　"海龙"扫雷直升机

④两栖作战。根据使用两栖舰船执行强制进港保证准入任务的情况，继续按照联合出版物 JP 3 - 18《强行进入作战联合条令》和海军陆战队战斗文件《海上作战机动》和《舰艇对目标机动》中规定的基本原则，通过使用两栖舰艇执行强行进入作战，不断拓展。应当指出，强行进入任务的表述目前正处于从概念阶段向实际的条令原则阶段过渡的过程中。新概念将兵力投送描述为从两栖舰船直接到岸上目标的快速机动，其间不受地形或水文因素的阻碍。因此，海军部队必须努力抛弃迄今为止那些公认能够削弱攻势的程序，如作战暂停、阶段和重组。然而，反雷措施和两栖开辟通路仍然需要保障两栖作战，并且必须在整个两栖特遣部队的时间表内将两者同步。要想反雷措施或两栖开辟通路计划成功，往往需要两栖特遣部队司令、登陆部队指挥官和反雷措施指挥官做出共同努力。两栖特遣部队司令、登陆部队指挥官和反雷措施指挥官之间应在初期开展对话，这将有助于计划人员确定详细的任务要求。图 6 - 57 为美军两栖攻击舰。

图 6 - 57　美军两栖攻击舰

这些注意事项包括：

a. 情报、监视和侦察。情报搜集计划往往需要多个两栖特遣部队情报组织的共同努力。情报工作的重点是确定两栖作战目标区内地（水）雷威胁的类型和位置、两栖作战目标区特征、敌人位置以及关于冲浪区内外障碍物的情报。

b. 同步。为了确保支援武器效能最大化，以及己方部队风险最小化，反雷措施和两栖开辟通路作战之间需要实现精确同步。两栖特遣部队一般行动方案确定后，通常会规定登陆部队的规模和组成，以及所需的航道的一般位置和数量。航道要求和障碍物结构将会决定开辟通路部队的规模和组成。应使用逆向计划，以确保在障碍物保障行动中针对障碍物采取相关行动。

c. 开辟通路基本原则。在确保成功开辟通路防御敌人方面，压制、遮蔽、保密和削减原则适用于所有两栖开辟通路行动。

d. 两栖特遣部队必须组织起来，迅速有效地减少障碍物，加快登陆部队向目标移动。应按任务将部队编组为多个支援组织、突围组织和突击组织。图 6 - 58 为无人破障快艇组织。

图 6 - 58　无人破障快艇组织

e. 指挥与控制。在反雷措施或两栖开辟通路作战中，统一指挥至关重要。在登陆部队指挥官参谋人员的开辟通路部队顾问的协助下，两栖特遣部队司令使用经过任务编组的美国海军、特种作战部队和登陆部队分队，执行从冲浪区到高潮标记和/或舰艇登陆地域的清扫工作。反雷措施指挥官的排雷工作从冲浪区的水雷威胁区的向海边缘开始，登陆部队指挥官特混编组中的开辟通路分队继续在高潮标记、舰艇登陆地域和登陆地域开展开辟通路工作。

⑤保障要求。已部署的反雷措施舰船、直升机和爆炸物处理部队并不能实现自我维持，必须为这些单位提供通信、军械、再压缩室、补给、人员保障以及油料。此外，舰船需要磁性和声学校准靶场勤务和中继级维修保障，直升机部队需要机库空间、维修和地面保障设备。可由指定的反雷措施支援舰或邻近的岸上设施向舰船和爆炸物处理部队提供支援。直升机保障可以由邻近的机场提供，也可以由具有空中能力的反雷措施支援舰提供。当在敌对的敌人区域附近行动时，所有反雷措施平台都有责任提供部队保护保障。

（4）组织保障：

①海岸警卫队海防部队。东部海岸警卫队司令部和西部海岸警卫队司令部是在各自的联合部队海军组成部队司令下建立的司令部，其职责是为美国北方司令部司令和美国太平洋司令部司令执行海上国土防御任务，其中包括保障美国国内地（水）雷战行动。

②海军水雷和反潜作战司令部。对海军作战部长负责，其职责为监督美国海军水雷战方案，并通过美国联合部队司令部负责水雷战部队的训练和战备工作。这些部队包括空中扫雷、水面反水雷措施和水下反水雷措施部队以及反雷措施指挥官和参谋人员，他们随时准备在接到通知后立即部署，根据需要为任何联合作战司令部提供保障。海军水雷与反潜作战司令部应为这些指挥官计划反雷措施演习和行动提供保障。图 6 - 59 为美国海军水雷和反潜战司令部主持研制的"反潜战持续追踪无人艇"（ACTUV）。

（5）作战注意事项。当遇到敌人的雷场时，必须做出某些决定。如果雷场不在主要的海上交通线或作战路线上，最好的行动可能是警告并转移该地区周围的船只。如果雷场位于重要区域，则必须就使用何种类型的反雷措施做出决策。水雷的数量和类型，反雷措施部队的可用性和时间将决定会运用哪种反雷措施。也有可能通过派遣部队越过雷场（例如，垂直包围或垂直补给），而不是穿过或绕过雷场来应对关键地区的雷场。

图 6 – 59 美国海军水雷和反潜战司令部主持研制的"反潜战持续追踪无人艇"（ACTUV）

①综合行动。综合反雷措施行动可以最大限度地利用所有可用的反雷措施资产和战术，以满足任务需要，既要考虑到相互支持，也要考虑到相互干涉。反雷措施指挥官必须考虑通过连续使用综合部队来降低风险的可能性。在水面反水雷措施运用前，如果可以扫清浅系泊水雷和敏感的感应水雷，则反雷措施直升机的支持可以显著降低水面反水雷措施舰船所面临的风险。然而，如果感应扫雷与爆炸物处理行动同时进行，则由于清扫产生的水雷爆炸可能会对在附近负责爆炸物处理的潜水员构成严重风险。反雷措施指挥官必须对相关行动做出计划，以利用每个反雷措施分队的强大能力，并安排事件顺序，以符合风险指令的最有效方式完成任务。

②多国部队协调。许多针对敌人布雷的行动经常由多国反雷措施合作开展。反雷措施行动可能由距离较近的数个国家的部队实施。为了安全和有效地开展此类行动，必须至少就协调作战区域和通信事项签订协定，以防止相互干扰。

③航线和路线调查。航线系统是预先计划的一组休眠航道，在确定布雷发生之后或之前，区域指挥官可以将其部分或全部激活。激活航线可以最大限度地减少反雷措施指挥官必须清扫的区域，提供安全的航运通道，并可以减少实施反雷措施指挥官所需的部队。图 6 – 60 为美国海军反雷措施部队正在组织演习。在和平时期，为了以下几个目的，应沿着航线实施航线测量作业。首先应进行调查，以确定该航线是否有利于排雷。如果答案是否定的，

图 6 – 60 美国海军反雷措施部队正在组织演习

则可能需要建议改变航线。其次，对确定的航线进行勘测，收集环境数据，为战时作战提供支持。然后对路线进行定期调查，以定位、评估和编目类似地雷的物体。此数据库可用于在冲突中确定是否有布雷行动发生，如果有发生，则可以减少清扫航线所需的时间。

6.5.4　控制措施和报告

1. 报告要求

反雷措施行动报告用于在所有组成军种和联合司令部之间交换反雷措施战术信息。此类报告可以显示军种组成部队反雷措施行动（包括开辟通路和清扫）的位置和状态。它还用于提出请求、分派任务、制定计划、报告、修改和批准相关反雷措施行动。报告格式在军用标准 MIL – STD –6040《美国文电文本格式程序》中有所规定。

2. 结构作战概述文电

结构化作战概述（Operational General，OPGEN）文电为作战部队提供了广泛的通用指导。第二舰队司令负责发布美国海军范围内的常规作战概述。美国海军范围内的常规作战概述旨在由编号舰队指挥官针对任务和作战区域的具体情况进行补充，包括发布舰队级作战概述/作战任务，用于处理独特的战区特征、指挥关系和战役级—战术级指令。它为在海军、联合部队或联合机构编制下行动的海军部队指挥官提供了政策。在行动或演习开始前，负责战术控制的军官通常会向部队发出作战概述。

3. 结构化作战任务的反雷措施和反雷措施保障

作战任务系列结构化文电可以提供功能性作战区域（例如反雷措施、打击、通信）的特定政策和指导。第二舰队司令负责发布美国海军范围内的常设作战任务文电。海军水雷与反潜作战司令部负责准备和提交美国海军范围内的作战任务反雷措施文电，以及随后的更新或更改，以供第二舰队批准和发布（海军水雷与反潜作战司令部和机动水雷装配大队队长为美国海军范围内的常规作战任务打击布雷行动文电提供输入信息）。美国海军范围内的常规作战任务反雷措施旨在由编号舰队指挥官就任务和作战区域的具体情况进行补充，包括发布舰队级作战任务反雷措施，用于处理独特的战区特征、指挥关系和战役级—战术级指令。在作战或演习开始前，相关作战控制机构通常会向反雷措施指挥官发布一份作战任务反雷措施文件。当需要时，反雷措施指挥官应准备一份额外的作战任务反雷措施文件，以向指定的反雷措施部队和任何提供保障和被保障部队提供相关具体信息。图 6 –61 为美军反雷舰艇装备。

图 6 –61　美军反雷舰艇装备

4. 地雷报告

单个反雷措施组织或指挥官、特混分队队长使用反雷措施报告（Mine Countermeasure Report，MCMREP）来报告反雷措施行动的结果。反雷措施指挥官将指定反雷措施资产或特混分队队长提交反雷措施报告的周期，他们通常要求发生以下情况时提交反雷措施报告：

（1）在探测到第一个不同类型的地雷时；

（2）在完成每项命令的任务时；

（3）在每天指定的时间点。

5. 反雷措施

指挥官会使用来自下级部队的每日反雷措施报告，将其编译成综合摘要文电（如反雷措施情况报告）。反雷措施报告文电当前有三个版本，分别为北约格式化反雷措施报告、北约结构化反雷措施报告以及美国格式化反雷措施报告。关于北约结构化反雷措施报告和格式化反雷措施报告，请参阅联合规程出版物 APP - 4；关于美国格式化反雷措施报告，请参阅美国文电格式数据库。为了支持不同水雷战环境决策辅助库之间的通信功能，已对格式化反雷措施报告的美国版本进行了重大修改。

6.6 美军机械排雷

世界范围内用于机械排雷任务的大多数机械都不是专用排雷机械。目前，在一些机械排雷区域中，主要使用的是市面上的标准拖拉机和排雷或切割灌木专用的装甲前端装载机（见图 6 - 62 和图 6 - 63）。与大多数专门制造的排雷机械不同，商用车辆用途广泛，除排雷行动以外，它们还可以执行其他任务。例如，结束雷区一天的工作后，装载机可以用于当地社区建设或改善道路、挖掘农业和饮用水水沟或挖掘下水道。这些是 50 t 重的旋转式扫雷犁或重型扫雷装置无法完成的任务。这些机器更便宜、结构更简单、更易于维护和更经济划算，是市场上越来越多的专业车辆的重要替代机器的代表。本书所述技术是实地研发的技术。

图 6 - 62 在厄立特里亚塞纳夫附近，一台安装在 CASE 公司前端
装载机上的 Pearson 排雷辊正在工作

图 6-63　可用来日常扫雷的装甲挖掘机

6.6.1　前端装载机排雷

世界各地的许多公司以多种形式制造了前端装载机。它们中的大多数有一个共同的特点，即它们很坚固，可以用来执行各种任务。它们易于操作和维护。对于更常见类型的装载机，找到一个经销商、寻找备件和管理国际业务的物流，是相对简单的。

排雷时，前端装载机必须加装装甲，以保证操作人员的安全。如与杀伤人员地雷接触，可以通过使用防护型重型链网来保护车轮和轮胎或使用实心橡胶或泡沫填充轮胎。防雷前端装载机以前仅用于杀伤人员地雷的雷区，因为在挖掘过程中杀伤人员地雷爆炸时会造成损坏。然而，最近开发的装载机均已配备了专门设计用于反坦克地雷（A/T）雷区、反坦克地雷（A/T）与杀伤人员地雷（A/P）雷区的铲斗。

在受地雷影响的国家，已使用前端装载机对数千平方米疑似埋有地雷土地进行了排雷作业。截至 2001 年年底，商用机器在该领域的业绩记录至少与任何专门设计的系统相当。因此，在任何排雷组织的机械待选"工具箱"中，前端装载机必须是一个颇具威胁力的竞争者。已确定成功用于排雷行动的前端装载机的一些装置见图 6-64 和图 6-65。

图 6-64　使用装甲前端装载机在阿富汗喀布尔清除碎石

图 6 - 65　检查装载机铲斗在柬埔寨土壤检查区铲起来的土壤

1. 排雷辊

排雷辊安装在装甲前端装载机或装甲拖拉机上,用于快速缩小与疑似埋有地雷位置相邻的区域,这大大加快了排雷队到达雷区真正起始点的进程。这是排雷的一个必要阶段,人工排雷队可能需要很多时间才能完成。排雷辊质量设计用于激活地表下的地雷,能够承受杀伤人员地雷的爆炸。经过实践,人们发现,排雷辊不适合直接排雷,却是建立信心、排雷核查和缩小可疑雷区的有用工具。排雷辊由分段的加重板组成,每个板在中心轴上单独转动。当连接的车辆向前移动时,排雷辊就会与地面接触。排雷辊随着每个独立滚压的轮子起伏、颠簸和上升。排雷辊应在一个疑似雷区内按固定模式使用。

滚压模式是可选的,这种技术已被证明是有效的(见图 6 - 66)。在有关地雷位置准确信息的情况下,不需要通过引爆地雷来定位排雷辊。排雷辊可以覆盖靠近预期安全排雷起始线的地面,以确保在部署挖掘车或人工排雷队之前,土地上的地雷已被清理完毕(很有把握地滚压)。

在地雷位置不清楚的地点,在一个设定系统中可以部署该排雷辊,以寻找预计只能以可识别模式找到的地雷。在可能零星埋设地雷的情况下,使用排雷辊来缩小可疑雷区是不可取的(例如柬埔寨)。以这种方式使用排雷辊可能会由于错误的安全感而导致事故,因为排雷辊不能保证引爆所有的地雷。一旦核实了地雷的存在,就可以在实际埋设地雷的较小区域内直接使用排雷设备。图 6 - 67 和图 6 - 68 为美军扫雷铲车及其配备的扫雷辊。图 6 - 69 为第二阶段滚压路线。

例如,在皮尔逊排雷辊上(见图 6 - 70),每个单独的“浮动”圆盘施加 50 kg 的地面压力。排雷辊在每米宽度上施加的质量为 1 000 kg,最多可在 3.5 m 宽度范围内施加质量,以便与所附的原动机的尺寸相匹配。

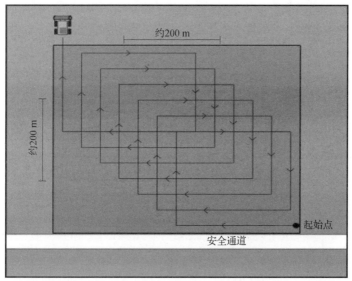

图 6 – 66　疑似雷区剖面图（约 **200 m × 200 m**）。第一阶段在预计没有地雷的地区，以同心方框模式进行滚压

图 6 – 67　美军扫雷铲车

图 6 – 68　美军扫雷铲车配备的扫雷辊

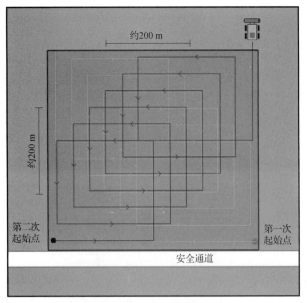

图 6 - 69　第二阶段的滚压作业（灰线是先前滚压形成的）采用同心方框的模式，确保从四个方向碾压该区域中心 4 次

图 6 - 70　皮尔逊排雷辊

　　排雷辊已进行了改装，可在极端凹凸不平的地形上使用。与在平地上使用排雷辊一样，用绞车滚压只适用于预计以固定模式埋设地雷的地区。装甲前端装载机处于斜坡的顶部凸缘处，该斜坡太陡，装载机无法通过以传统方式横穿地面来操作。可以将排雷辊连接到标准绞车上，在绞车控制下，沿着斜坡的表面释放排雷辊。一旦排雷辊达到设定的使用极限位置（或绞车驾驶室的末端），绞车就会沿着相同的路径把它拉回绞车。由于与绞车连接的排雷辊路径沿线存在的地雷很可能会被引爆，因而可在缩小的可疑雷区查找可能存在地雷的位置——缩小可疑雷区并定位查找。然后，装载机和绞车会移动到一边，开始沿着新的路径进行排雷（见图 6 - 71）。

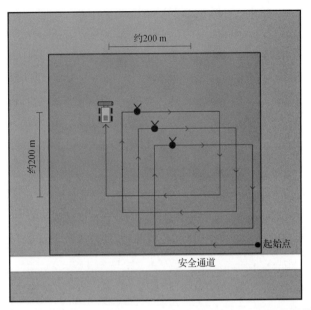

图 6 – 71　碾压使用同心方框模式未确定为雷区随后就遇到地雷的区域

在该实例中，可看到地雷大概的布埋方式，停止滚压，并移除排雷设备。（注：排雷辊不应通过引爆点，而应沿其排雷路线返回，以避免因潜在的车轮撞击而遭受严重损坏）

2. 使用装甲铲斗进行排雷

带装甲铲斗的装甲前端装载机已成功用于直接排雷（见图 6 – 72）。一旦根据可靠信息或排雷辊引起的爆炸确定雷区，装甲前端装载机就开始在雷区作业。该装甲前端装载机从既定的安全线开始作业。装载机驾驶员用铲斗底部前叶片接触地面，然后向前驾驶装载机。使用手动控制使铲斗倾斜，以攫取预定深度的土壤。一旦铲斗装满了可能被污染的土壤（为了避免溢出），装载机将沿着自己的轨道倒回到先前在可疑雷区和土壤检查区之间建立的安全通道。

图 6 – 72　可用于扫雷的装甲装载机

为避免浪费时间，在遵守安全距离的同时，土壤检查区应尽可能靠近可疑雷区。机器在检查区的一端倾倒一斗已攫取的受污染土壤，然后开回雷区继续挖掘。这样，它将继续将雷区的大量土壤运送到土壤检查区。土壤检查区需要足够大，至少可以让一辆装甲前端装载机或拖拉机自由机动。土壤表面必须坚硬。混凝土区域（如停车场）是理想的土壤检查区，但也可使用一块田地。在开始排雷作业之前，前端装载机可以通过清除选定位置的表土来整备土壤检查区。

一旦排雷辊确定杀伤人员地雷的存在及其大致布置方式，就会部署排雷设备。见图6－73，即将使用装甲铲斗排雷之前，进行这类滚压是排雷必不可少的作业内容。

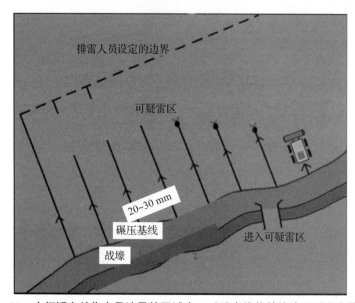

图6-73　在怀疑有杀伤人员地雷的区域中，以垂直线从基线滚压到预定的边界

在许多土壤类型（尽管不是全部）中，在暴露的表面上使用排雷辊，表土下方的地层就可以变得几乎和混凝土一样坚硬。研究发现，这样的地面适合随后检查受污染的土壤。但仅在土壤检查区内，第二辆装甲前装载机或装甲拖拉机与挖掘车同时工作。它的任务是将受污染的土壤耙成薄层，以便人工检查是否存在地雷或未爆弹药。耙平土壤的深度不超过8～10 cm时，该方法才有效。在耙平的土壤中，很可能会看到地雷。将装甲铲斗的底部放在弃土的顶部，在车辆向后移动时施加向下的压力，可以实现耙动动作。铲斗底板上的斗齿沿土层长度方向将土壤规整成行，这些线条随后可用作控制手动检查的参考标记（见图6－74）。

可以设计其他用于耙平弃土的系统，例如带有悬挂的拖车或雪橇，该悬挂耙由交错的耙齿组成，以均匀地耙平土壤。然后排雷人员必须检查土壤。在过去的排雷行动中，土壤检查小组由一名手持干草叉或耙子的排雷人员和一名手持金属探测器的排雷人员组成（见图6－75）。

经验表明，杀伤人员地雷通常能经受住土壤开挖并运输到土壤检查区、倾倒成堆和装甲前端装载机/拖拉机耙回的暴力。检查完土壤后，应将其放入未受污染的土堆中，等待在开挖雷区排雷后进行最后的重新分配。

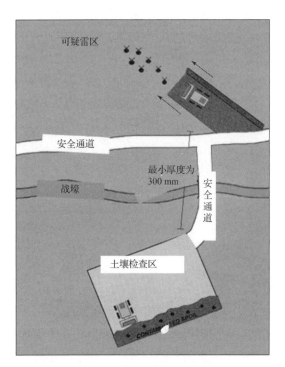

图 6 – 74　使用装甲铲斗排雷时，建议确定可疑雷区相关土壤检查区的位置

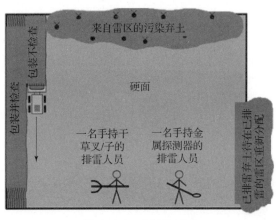

图 6 – 75　土壤检查区

　　光环信托组织对装甲铲斗进行了进一步改装，在前端增加了一个排雷格栅，该排雷格栅可使土壤和潜在杀伤人员地雷通过，而防止反坦克地雷撞击铲斗背部并引爆（见图 6 – 76）。到目前为止，事实已表明，这种方法是成功的，对于在无法可靠获悉地雷类型的雷区开展排雷作业而言，这是特别积极的进展。

　　耙平受污染的土壤时，排雷人员应至少隐蔽在 300 m 外。一旦机器耙平一列一斗宽的土后，它们就会后退。

图 6 - 76　光环信托组织对装甲铲斗进行了改装，为其配备了将
杀伤人员地雷与土壤和反坦克地雷分开的排雷格栅，
从而在可能零星存在反坦克地雷的雷区使用

6.6.2　拖拉机排雷

标准农用拖拉机可用于排雷作业，其使用方式与上述前端装载机大致相同。对于排雷作业，驾驶室必须配备装甲。一般来说，拖拉机比前端装载机更受限制，因为它们更轻，动力也不强。理想的做法是，当使用更强大的前端装载机成本较高时，就可以使用拖拉机。

例如，在挖掘排雷期间，最好在土壤检查区使用拖拉机耙平受污染的弃土，以便前端装载机能腾出时间在雷场中作业。然而，事实证明，拖拉机是一种用来切割植被或清除障碍的精良设备。

1. 植被切割

全世界有大量的制造商生产植被切割头和修边机。切割机通常与液压臂一起出售，只要联动装置兼容，就可以安装在许多类型的拖拉机上。许多排雷组织已经制定了灌木切割的标准作业流程（SOP），此处不再赘述。图 6 - 77 为柬埔寨装甲拖拉机上的植被切割机。

图 6 - 77　柬埔寨装甲拖拉机上的植被切割机

事实证明，切割植被协助人工排雷队的方法可以提高人工排雷的效率，这一点毋庸置疑，但这在很大程度上取决于部署灌木切割机的方式和位置。指定的植被密度可能具有欺骗性。通常，一个满是茂盛草丛但没有灌木和小树的雷区的排雷时间比一个灌木林区的排雷时间要长，即使后者看起来更加密集。

2. 障碍排除

使用装甲拖拉机来清除雷区的障碍物和碎片（例如，蛇腹形铁丝网、金属垃圾和烧毁的汽车），会拖慢人工或机械排雷作业的速度。一旦排雷进行至可以获得碎片的位置，拖拉机就会移动到该位置，并将其从已排雷区域边缘的位置拖出。该任务通常由液压臂上的反铲执行。一旦障碍物被清除，排雷工作就会继续进行。

第7章
美军弹药保障趋势及启示

7.1　美军装备保障发展方向

近些年来，适应现代信息化战争的要求，以美军为代表的外军装备保障建设以实现向信息化转型，把装备保障建设的重点转变到保障信息化战争上来（见图7-1）。

图7-1　信息化战争

7.1.1　保障手段智能化

信息化战争中，要求装备保障手段向智能化方向发展。所谓保障手段智能化，就是适应信息化战争全维对抗、体系对抗、信息对抗和技术对抗的特点，依托军队指挥自动化系统和信息化战场环境，以自动化检测、修复为主体提高装备保障能力。信息化武器装备，集多种新技术、新材料、新工艺于一身，传统的机械化保障手段已远不能适应。因此，外军充分利用现有军用和民用技术，抓好高新科技成果的吸收引进和自主创新，以智能化、通用化、系列化和组合化为发展方向，研制高技术、多功能、野战化的保障装备和抢修工具，实现了指挥手段、检测手段、抢修手段、管理手段的智能化，全面提高了装备保障的整体效能。

7.1.2　保障指挥网络化

保障指挥网络化是装备保障建设向信息化转型的重要支撑。指挥控制网络化，就是以提高指挥控制效率为根本目的，以计算机信息处理技术为支撑，以计算机网络为平台，以通信网络为纽带，通过软件技术开发，把部队通信系统、指挥系统和装备保障管理信息系统、数据库结合起来，实现装备保障指挥与作战指挥、纵向保障系统与横向相关系统、军内保障系统与地方支援系统的有机、无缝连接，从而实现对装备保障活动进行实时有效的指挥、协调和控制，建设互联、互通、互用、可视化的保障指挥体系。图 7 – 2 为伊拉克战争中的美军后勤指挥网络。

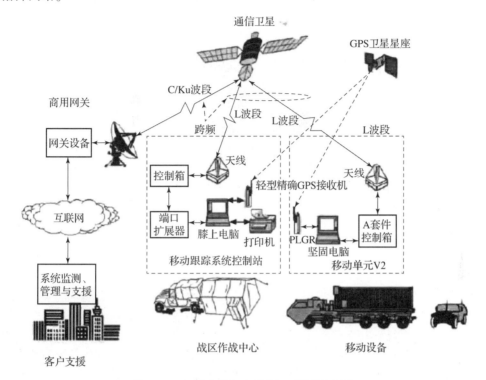

图 7 – 2 伊拉克战争中的美军后勤指挥网络

7.1.3 保障方式精确化

现代高技术武器装备科技含量高，设计精密，需要精细的维护保养，损伤装备需要精准的修理；没有精确化的保障，就难以保证高技术武器装备的生存和再生。从装备保障的成本上看，高技术武器装备的零部件和维修材料造价高，不可能进行大量的生产和储备，因此美军以精确化保障代替过去那种不计成本的粗放型保障的做法。此外，以信息技术为核心的高新技术的飞速发展，也为实施精确化保障提供了必要的条件和手段。装备保障方式转向精确化，其实质就是用最小的保障资源，满足一定的保障需求，获取最大的保障效益，达到最佳的效费比。美军推出的装备保障精确化是一种全新的装备保障方式，它是信息时代的产物，是装备保障信息化发展的必然要求。图 7 – 3 为美军 CQ – 10 滑翔后勤补给系统。

7.1.4 保障体系一体化

保障体系一体化是打赢信息化条件下局部战争的必然选择，也是提高军队一体化联合作战装备保障能力的根本途径。信息化战争是在各个作战单元、作战要素综合集成基础上的体系对抗，诸军兵种一体化联合作战成为基本的作战形式。美军提高一体化联合作战能力，推进装备保障体系向一体化发展，其实质是通过信息技术的联通与融合，把分散、独立的装备保障力量联成一体，实现高度集成的联合保障体系，包括指挥、训练、保障信息系统一体

图 7 - 3   美军 CQ - 10 滑翔后勤补给系统

化，科研、采购、维修管理体系一体化，军民、平战、三军装备保障力量一体化。图 7 - 4 为美军一体化的联合全域指挥与控制。

图 7 - 4   美军一体化的联合全域指挥与控制

7.1.5   保障能力基层化

武器装备维修是军队武器装备管理的关键性环节，是提高武器装备完好率的根本手段。修复损坏的武器装备，对作战的实施与结局具有决定性影响。美军加强装备保障能力，把基层维修能力作为未来战争武器装备维修保障的重点，武器装备的维修立足于在基层完成，或者使中继级、后方级维修尽可能向基层靠近，提高基层级维修保障能力，实现武器装备在基层的维修保障，因而提高了作战部队的自我保障能力，实现自我保障与其他保障方式的有效结合，确保战时基层部队的必要战斗力。图 7-5 为美军修理坦克。

图 7-5　美军修理坦克

7.2　美军装备保障对我军的启示

7.2.1　加强装备维修保障体系建设

装备技术性能的提升导致传统的装备维修保障体系难以适应现在的战争需求和装备特点。因此，需要加强装备维修保障体系建设，形成一体化保障体系。一是要以战争需求为方向，改进传统维修保障体系。我军可以以基地级维修力量为后方支援，以中继级、基层级维修力量为战地支援，同时建立集中统管、精简高效的指挥机构，利用信息化装备保障指挥系统，统筹协调，下达任务，明确分工，以提高指挥效率。二是加强我军装备维修理论的研究。装备维修保障体系的构建必须要有先进的、适合我国国情的维修理论作为支撑，这样才能在建设装备维修保障体系时把握好导向，充分认清外军发展过程中的优点与不足，形成我军独特的、科学的维修保障理论体系。

7.2.2　积极向信息化保障转变

从近几场局部战争来看，美军装备维修保障模式不断改进，基本完成了信息化保障的转变。我军由于历史原因和国情、军情的不同，在信息化装备维修保障方面仍存在一定的不足，因此可借鉴美军的经验教训，改进现阶段维修保障模式，完善自身信息化装备维修保障系统。我军要以信息化为导向，构建新型装备维修保障方式，形成网络保障、集成保障、聚合保障。一是要将所有地域和不同维修保障任务的保障力量模块化，利用网络使之相互连通，如此不但可对装备维修保障所需的相关软件进行快速保障，还可以构建远程支援系统，以期提高部队快速反应能力。二是要利用信息化技术建立部队装备动态综合管理系统。根据装备状态以及分布区域、重要程度合理分配有限的维修保障力量，提升系统集成程度，使装备维修保障更精确。三是要将模块化的维修保障力量整编、聚合，使其具备多种多型装备综合保障能力，利用信息化保障平台，实现装备维修保障的信息、状态、物流、人员和设备的实时跟踪（见图7-6）。

图7-6　构建未来信息化保障平台

7.2.3　完善军地联合式装备维修保障机制

美军善于引进地方力量来支援部队建设，把部队维修保障设备和承包商等地方维修力量进行统一管理，统一安排维修任务。随着我军武器装备复杂程度不断提高，为提高装备维修保障能力，应当完善军地联合式装备维修保障机制，构建以军为主、军地联合的装备保障体制。一是科学合理构建军地联合维修保障机制。对于少量高尖端大型复杂装备或者装备所在地区军内维修保障能力不足的情况，应积极协调地方力量，加强动员机制，形成以军为主、军地联合的装备维修保障模式（见图7-7和图7-8）。对于装备所在地区军内维修能力较强或装备不适宜交予地方维修的情况，应立足军内装备维修保障能力建设，地方力量提供技术支持，起到支援作用即可。二是必须建立军地联合式装备维修保障的相关规章制度、法律法规以及激励机制。规范军地双方在装备维修保障过程中的工作分工，责任划分以及具体流程，同时在装备维修水平得到提高的基础上，完善激励机制，合理科学地给予地方力量一定的经济利益，以保证军地联合保障的积极性。

图7-7　军地联合进行装备检修

图 7 - 8　军地双方共同研究铁路输送方案

7.3　美军弹药保障趋势

武器装备保障的自动化、智能化、通用化和系统化，使世界许多国家都把依靠科学技术提高装备保障能力作为一项长期的战略任务，制定了明确的发展目标，采取了相应的配套措施。

进入 21 世纪以来，美军开始大力推进军事转型，美国国防部在 2003 年 4 月公布的《转型规划指南》中指出："转型战略的执行将把美军从工业时代的机械化军队转变为信息时代的军队"。与此同时，20 世纪建立起来的规模型物流体系正在向高度敏捷、精确、可靠的方向转变。美军不仅为 21 世纪重新设计兵力结构，同时对作战起支撑作用的在军事物流领域大胆创新和改革，不断提出崭新的军事物流理论和概念，对 21 世纪初世界军事物流发展方向产生了重要的影响。

同时，美军的军事战略思想正由基于威胁向基于能力转变，即由重点在欧洲的前沿部署建设，转为以美国本土为基地向世界任何地方部署和投送作战力量的能力建设。这种新的战略思维模式的转型，对弹药保障未来的发展方向提出了新的要求。为此，美军对未来弹药保障模式提出了新的构想。

7.3.1　构建基于信息感知和响应的保障体系

2004 年 5 月 6 日，美国国防部网站发表了《适于作战的感知与响应后勤》一文，提出了美军最新的军事后勤理论——"感知与响应后勤"。2006 年 2 月美国空军授权兰德公司研究并发表了《感知与响应后勤——将预测、响应与控制能力一体化》报告，进一步论证了感知与响应后勤理论提出的必要性和实现途径。感知与响应后勤是美军后勤转型期的产物，其应用于作战保障见图 7 - 9。

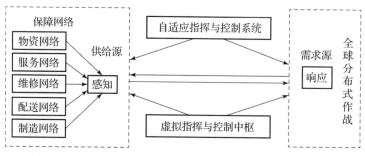

图7-9　美军感知与响应后勤简图

感知与响应后勤以满足未来网络中心战为目的，以网络中心战原则为理论，以响应速度和实现指挥员意图的质量为衡量标准，将多军种、多组织和结构的各种后勤资源和能力整合在一个动态的高度智能化的保障网络中。促使美军的储备布局目标从"高度优化"转变为"高度灵活"。通过改变原有的线性布局，发展网络化布局，构建相互交错的供应链，形成柔性供需网。各个子系统借助先进的信息技术，实时掌握后勤资源的消耗和需求，跟踪任务的完成情况。高度灵活的储备布局，在动态调整、自动协调中，为指挥员提供满足作战需要的多种保障方案。

感知是指依赖先进的信息技术，实现战略、战役、战术层的信息共享，使作战与指挥人员实时感知战场需求，保障能力和保障状态信息；响应是指对战场需求信息做出快速响应，包括需求信息的接收与反馈、保障行动的实施速度和效果等。感知与响应将大大加强储备布局的弹性，在应对越来越多不确定因素时，实时感知与响应军事需求，迅速调整，组织持续高效的物资保障。

7.3.2　构建"模块化"的弹药保障勤务部（分）队

美军认为，"21世纪部队"及"2010年后陆军"的弹药保障模式，将主要着眼于以尽可能快的速度，在正确的时间和地点，为战斗人员提供正确的保障。为达到这一设想，陆军的弹药保障勤务部（分）队必须从常规的全般保障和直接保障连向模块化弹药连转变。按照"21世纪弹药系统"的构想，每个弹药连的组成都将取决于任务、敌情、地形、部队和时间，负责搬运散装的和集装箱装运的弹药。当不隶属于弹药排时，可直接接受军保障营或军保障大队的指挥。中型弹药排可编配48名士兵，6台可伸缩的6 000 lb（约2 721 kg）起伏地叉车，2台1万lb（约4 535 kg）起伏地叉车和3辆带拖车的货盘装载系统卡车。每个中型排除负责在弹药补给所、军储存区和战区储存区执行任务外，还可开设弹药转运站。而且，每个排可有1个弹药转运分排，含4名士兵、1台可伸缩的6 000 lb（约2 721 kg）起伏地叉车和货盘装载系统卡车。图7-10为美军弹药部队正在作业。

7.3.3　构建具备快速应急反应能力的弹药保障机构

美军当前的弹药保障机构是由从卸载机场（见图7-11）、卸载港，以及到达战区的第一批战术部队建立的较为完善的保障地域。随着战争形态的演变，战略与战术界限日益模糊，对现行的弹药保障模式与运行机制提出了更高的要求。如何在远离本土，没有预设战区的战场，给一支从美国本土基地部署到一个陌生地区的应急部队提供初始补给和支持性补

图 7-10　美军弹药部队正在作业

给，是美军需要考虑的一个全新课题。美军认为，现行弹药保障模式层次繁多，机构臃肿，不适应快速反应作战的要求。信息化战争中，这种等级的弹药保障结构必将被梯次配置的弹药补给所代替，弹药补给所将不会受严格的等级保障结构约束，规模和任务将会随着战区的发展自主调整与变化。

图 7-11　美军卸载机场

7.3.4　构建自动化的弹药补给分配系统

美军认为，未来的补给分配系统，不仅要能通过使用快速数据交换的纵向与横向后勤管理系统及指挥、控制和信息系统，提供实时信息，保持弹药在运输途中的可视性及弹药总资产的可视性，而且还应配备与之相适应的弹药配送部（分）队以及相匹配的弹药运输装备。为此，美军未来主要在以下三方面进行变革：一是弹药补给由"战斗配套货件"改装为"战略配套货件"。美军提出将"战斗配套货件"改装为"战略配套货件"，这种新型的补给理念，可直接将"战略配套货件"由本土仓库运往武器系统，或在到达战区后，根据具体情况或保障任务的特定需求，将其重新拼装为"任务配套货件"。二是依托弹药管理信息系统，实现弹药资产全程可视化和可控性（见图 7 - 12）。利用信息管理系统，美军不仅能对弹药保障位置的弹药储备量以及弹药的接收、储存和发送过程全程可视，而且战区内的战斗用户和遂行保障的弹药补给系统将被纳入仓库、国家物资控制站、生产厂家和运输系统，它们将共同组成一个自动化的后勤保障系统。三是构建弹药配送部（分）队，配发新型的弹药运输增补器材。为实现弹药保障由"被动补给型"向"主动配送型"的转变，弹药连的转运分排将开设弹药转运站，营属前方保障连从弹药转运站领取预先组配好的弹药货件，前送至作战部队。这种新型的弹药配送理念，要求每个前方保障营辖 3 个前方保障连，每个前方保障连都有 1 个配送分排，用于向被保障部队前送包括弹药在内的补给品。

图 7 - 12　美军信息可视化系统

7.4　美军弹药保障对我军的启示

武器装备保障的自动化、智能化、通用化和系统化，使世界许多国家都把依靠科学技术提高装备保障能力作为一项长期的战略任务，制定了明确的发展目标，采取了相应的配套措施。现代战争形态正在由机械化向信息化转变，要适应信息化战争的要求，就要求我军装备保障建设必须向信息化转型，要着眼信息化战争的新特点、新要求，把装备保障建设的侧重点由保障机械化战争转变到保障信息化战争上来。

目前，与美军的弹药保障模式相比，我军仍存在弹药保障方式单一、应急弹药保障能力有限和弹药保障效率不高等问题。为此，我军的弹药保障模式需在以下三个方面进行改进与完善。

7.4.1　建设结构多元化、编成模块化、功能集成化与部署多样化的弹药保障力量

据报道，在伊拉克战争中，为适应快节奏、高对抗的作战强度，美军形成了超过3 500 km 的后方补给线，保障人员高达 5 万余人，运输车辆为 7 000 余辆，保障人员总数量占兵力规模的 45%。这表明：建设一支结构多元化、编成模块化、功能集成化与部署多样化的弹药保障力量势在必行。弹药保障力量结构多元化，是在弹药保障力量的构成上，进一步调整优化建制内弹药保障的专业技术力量，坚持与军队院校、科研单位和军代表机构技术力量进行重组，动员装备承制单位、预备役和民兵保障力量积极参与的方法，建设一支适应

战争需求、结构多元的弹药保障力量。弹药保障力量编成模块化，是指多元化的弹药保障力量，在各自建制内，按不同专业编成若干单一功能或多功能的保障模块。平时，以专业区分组训；战时，则根据弹药保障需求进行灵活的"积木式"组合。弹药保障力量功能集成化，是指弹药保障力量应具备对弹药及其保障装备的测试、维护、修理、供应和器材保障等多种功能，坚持小巧灵活、精干多能的原则，最大限度地实现技术融合，达到优化重组、功效最大的目的。弹药保障力量部署多样化，是采取有重点的梯次部署、弹性靠前配置和定点部署相结合的多种力量部署形式。如弹药的补给应部署在主要作战方向地形隐蔽的位置，既便于战中实施快速有效的弹药保障，又可防止敌先期反制行动中的火力毁伤。图 7 – 13 ~ 图 7 – 16 为我军开展的保障力量演习演练场景。

图 7 – 13　联勤某分部应急保障力量"联动 – 2014"实兵演习

图 7 – 14　"联勤力量 – 2018B"实兵演练现场

图 7 – 15　国防大学联合勤务学院组织无人化弹药保障研究性演练

7.4.2　坚持可视化与精确化的弹药保障建设思路

着眼于未来战争对精确化弹药保障的迫切要求，我军必须大力发展信息化、可视化弹药保障手段，研制开发弹药储备管理、运输保障、调拨供应等指挥管理信息系统，提高弹药保障信息的获取、收集、传输和处理能力，构建信息化弹药保障网络，提高弹药的精确保障能力。主要应加强以下两方面的建设工作：一是建立可视化的弹药保障全维可视化系统（见图7-16）。即弹药保障系统应在北斗双星导航系统的基础上，综合运用可视化技术、计算机技术、网络与通信技术、图形处理技术、人机交互技术、射频识别等先进技术，及时、准确地掌握弹药保障资源的保障过程、保障环境、保障需求与战场动态信息，相互间形成数据流的自动识别与接收，实现弹药保障的实时化与可视化。二是加强精确化弹药保障能力。弹药保障要突出与强调精确化与系统化的理念。所谓精确化保障，即利用扫描器、射频标签、条形码、数据库或战术互联网，达到对弹药数量、状态、种类、位置与运输过程的"精确管理"和"动态管控"；利用信息网络技术跟踪监测武器装备系统对各类弹药的动态需求，将所需弹药及时、准确、快速地送达作战单位，实现弹药供应与补给的精确化。系统化弹药保障，即树立信息至上的观念，建立完善的弹药保障信息系统，及时、准确地获取和传输弹药保障信息，通过计算机与通信设备建立信息化网络平台，将弹药保障各级机构、各级任务系统和分散的保障实体进行可靠连接，完成对弹药保障信息的实时收集、处理、存储、统计和查询，实现弹药保障信息的共享和快速传递。

图7-16　全球战场环境可视化系统方案

7.4.3　建立完善的弹药保障信息化人才培养与管理机制

加强弹药保障人才的培养，是提升弹药保障能力的关键。首先，要针对信息化战争条件下弹药保障发展的迫切需求，加快弹药保障人才的知识结构调整，加大信息化弹药保障尖子人才的引进与培训力度，确立选人用人的高标准，建设一支"业务精、素质硬和思想好"的人才队伍；其次，确立教育培养的高起点，突出新装备、新弹种和新技能的培训，以大学本科为基本教育目标，注重第一任职需要，树立超前培养的观念，按照建设信息化部队、打赢信息化战争的要求，加大高学历信息化保障人才的培养与储备，谋求整体素质的跃升，为弹药保障人才的可持续发展奠定基础；再次，要找准人才与装备的结合点，从重传统知识、重一般操作技能，转型到重高科技、高智能的创新人才培养上来，把"武器装备和弹药的最佳结合"作为培养新型复合型人才的标准；最后，要科学构建弹药保障人才的培养体系，加大培养专家型技术干部、技指合一的勤务干部和一专多能的专业技术骨干的力度，充分发挥人才的专业优势与特长，突出培养弹药保障人才的信息素养，增强他们运用信息工具的能力，不断提高弹药保障人才的综合素质（见图 7 - 17）。

图 7 - 17　信息化战争迫切需要信息化弹药保障人才

参 考 文 献

[1] 陈军，王兴，李德超．从美国智库战略与预算评估中心报告看美国 A2/AD 作战变化及应对措施 [J]．飞航导弹，2020 (5)：10 - 13.

[2] 胡冬冬．大国竞争背景下美军弹药战备能力建设态势分析 [J]．飞航导弹，2021 (6)：67 - 71.

[3] 任国光．反未爆弹药和简易爆炸装置的激光武器 [J]．激光与红外，2009，39 (3)：233 - 238 + 243.

[4] 汪德武，曹延伟，董靖．国际军控背景下集束弹药技术发展综述 [J]．探测与控制学报，2010，32 (4)：1 - 6.

[5] 吴力力，丁玉奎，甄建伟．国外弹药延寿研究现状 [J]．飞航导弹，2018 (3)：74 - 77 + 95.

[6] 田轩，王晓峰，黄亚峰，等．国外废旧火炸药非军事化处理技术进展 [J]．飞航导弹，2015 (2)：79 - 83.

[7] 葛健，陆承达，董浩斌，等．基于 Overhauser 传感器的近地表 UXO 磁梯度法探测技术 [J]．仪器仪表学报，2015，36 (5)：961 - 974.

[8] 蔡璨，贾云飞，张燕强．基于电磁法的未爆弹多通道同步探测系统研究 [J]．中国测试，2020，46 (12)：47 - 53.

[9] 李建华，黄韬，于洪敏，等．基于模糊逻辑理论的弹药消耗预计模型 [J]．兵器装备工程学报，2019，40 (9)：150 - 153.

[10] 王铀，赵海，蔡庆春，等．激光远程排弹研究现状与关键技术 [J]．电光与控制，2018，25 (1)：60 - 64.

[11] 杨建明，殷鹏，代连弟，等．集装箱滚装托盘系统在弹药配送中的应用研究 [J]．物流技术，2009，28 (11)：243 - 245.

[12] 周帅，黄大年，王泰涵．利用磁法数据的解析信号探测未爆炸弹（UXO）[J]．地球物理学进展，2016，31 (4)：1767 - 1770.

[13] 张志勇，黎忠诚．联合全资产可视化：美军物流系统的技术支持 [J]．物流技术，2007 (8)：254 - 257.

[14] 孟庆奎，高维，王晨阳．美国 UXO 地球物理探测技术最新进展 [C]．国家安全地球物理丛书（十三）——军民融合与地球物理，2017：322 - 327.

[15] 杨柳，卢姗姗，江河．美国海军后勤物资管理信息化建设现状浅析 [J]．海军医学杂志，2015，36 (2)：186 - 188.

[16] 赵晓春. 美国航母弹药库自动化贮运技术发展及应用分析 [J]. 舰船科学技术, 2013, 35 (8): 154-157.

[17] 陈玉波, 孙精华, 张军波, 等. 美国精确制导弹药需求量评估研究概况 [J]. 飞航导弹, 2005 (6): 40-43.

[18] 廖南杰, 袁成. 美国空军托盘化弹药发展现状及特点分析 [J]. 飞航导弹, 2021 (6): 72-76.

[19] 王振合, 赵志江. 美国利用等离子体高技术销毁废弹药 [J]. 国防技术基础, 2001 (4): 28-29.

[20] 朱勇兵, 赵三平, 李战国, 等. 美国前军事场地化学武器和爆炸物的清理——技术、经验与启示 [C]. 2015 年中国环境科学学会学术年会论文集. 2015: 1388-1393.

[21] 张朝. 美军 M-97710 吨运输车 [J]. 模型世界, 2005 (3): 19-21.

[22] 靳跃钢, 高海波, 赵耀辉, 等. 美军弹药包装设计与试验要求 [J]. 包装工程, 2013, 34 (1): 137-141.

[23] 刘焕松. 美军弹药包装新举措 [J]. 中国包装, 2000 (4): 35-36.

[24] 樊胜利, 刘铁林, 朱启凯. 美军弹药保障模式发展现状及对我军未来影响分析 [J]. 装备学院学报, 2014, 25 (3): 46-49.

[25] 李文钊, 田春雷, 李良春. 美军弹药的托盘化集装现状及发展趋势 [J]. 包装工程, 2005 (6): 114-116.

[26] 谢关友, 李良春. 美军弹药集装化保障对我军弹药集装的启示 [J]. 包装工程, 2008 (3): 178-181.

[27] 祁立雷, 安振涛, 周文忠. 美军弹药配送及启示 [J]. 商品储运与养护, 2007 (3): 55-56+62.

[28] 郑智, 魏爱国, 杨建明, 等. 美军弹药运输配送发展趋势及启示 [J]. 军事交通学院学报, 2013, 15 (6): 84-86+90.

[29] 梁峰, 甘明, 王丰. 美军海外战备物资储备模式及启示 [J]. 军事交通学院学报, 2017, 19 (11): 51-54.

[30] 潘毅, 钱翔, 李晶. 美军后勤物联网系统建设的做法及启示 [J]. 物流工程与管理, 2014, 36 (2): 68-70.

[31] 艾德芳, 王文栋, 刘世彬. 美军军事物流信息系统建设现状及发展趋势研究 [J]. 网络与信息, 2011, 25 (9): 11.

[32] 马兴华, 王道重, 杨晓雷, 等. 美军联合全资产可视性系统研究综述 [J]. 舰船电子工程, 2020, 40 (9): 4-7.

[33] 黄龙华, 王望荣, 徐贵凤. 美军炮兵弹药编配特点 [J]. 国防科技, 2005 (6): 13-16.

[34] 赵锋, 张更宇. 美军炮兵弹药编配特点及发展趋势 [J]. 现代军事, 2005 (3): 53-55.

[35] 黄琦志, 郝建生, 梁化民. 美军配送式物流保障方式及启示 [J]. 物流技术, 2010, 29 (5): 149-151.

[36] 齐玉梅. 美军配送式物流中应用多式联运的研究 [J]. 物流技术, 2012, 31 (3):

233 – 235.

[37] 冯晓梅，詹隽青，贾楠．美军实现配送式后勤保障的主要做法及启示 [J]．军事交通学院学报，2015，17（8）：64 – 67.

[38] 张亚兵．美军物流发展现状及启示 [J]．物流科技，2001（3）：54 – 56.

[39] 张志勇，黎忠诚．美军物流系统的变革方略（一）美军物流系统变革战略：基于配送的军事物流系统 [J]．物流技术，2007（4）：131 – 134.

[40] 张志勇，黎忠诚．美军物流系统的变革方略（三）美军物流资源配置的有效方式：战略预置 [J]．物流技术，2007（6）：131 – 132.

[41] 姚红霞，蔡香敏，孙燕侠．美军物流信息系统建设研究 [J]．物流技术，2010，29（19）：149 – 151.

[42] 杨怡，张睿峰．美军应急物流保障方式研究及其对我军启示 [J]．企业导报，2013（21）：5 – 6.

[43] 赵振华，姜大立．美军战备物资储备的主要做法 [J]．物流技术，2015，34（13）：299 – 300.

[44] 祁立雷，安振涛，周文忠．美军弹药配送及启示 [J]．商品储运与养护，2007（3）：55 – 56 + 62.

[45] 石红霞，高波，柴树峰．美军战区物资配送特点分析与启示 [J]．军事交通学院学报，2020，22（1）：52 – 56.

[46] 石红霞，王海兰，田广才，等．美军战区物资配送系统分析及启示 [J]．军事交通学院学报，2019，21（2）：57 – 61.

[47] 王琦，穆希辉，路桂娥．美军制导弹药发展现状及趋势 [J]．飞航导弹，2015（8）：12 – 17.

[48] 杨学强，倪明仿，李庆全，等．美军主要军事物流理论综述 [J]．物流科技，2004（1）：65 – 67.

[49] 焦阳，李良春．美军装备保障信息化研究及对我军的启示 [J]．兵工自动化，2007（8）：104.

[50] 李浩军，黄琰，尹东亮．美军装备维修保障能力建设特点与启示 [J]．海军工程大学学报（综合版），2016，13（4）：57 – 59.

[51] 郭振滨，宋瑞雪，赵巍．浅析美军如何依靠高新技术减少后勤保障需求 [J]．科技信息，2010（36）：381.

[52] 孟庆奎，高维，舒晴．全球 UXO 现状及地球物理探测系统 [C]．2017 中国地球科学联合学术年会论文集（三十一）——专题59：环境地球物理技术应用与研究进展、专题60：浅地表地球物理进展，2017：6 – 8.

[53] 曲赞，李永涛．探测未爆炸弹的地球物理技术综述 [J]．地质科技情报，2006（3）：101 – 104.

[54] 条码射频技术在美军包装中的应用 [J]．中国包装工业，2009（Z1）：32 – 33.

[55] 易胜，杨岩峰，陈愚．外军弹药包装发展研究 [J]．包装工程，2012，33（1）：129 – 133.

[56] 李康，史宪铭，赵汝东，等．外军弹药需求预计发展动态及关键技术 [J]．指挥控制

与仿真，2021，43（3）：130 – 134.

[57] 赵军号. 外军装备保障的特点及发展方向探析［J］. 中国军转民，2013（3）：49 – 51.

[58] 徐建国，丁凯，李阳明. 未爆弹药探测技术发展现状及思考［J］. 中国公共安全，2020（4）：176 – 178.

[59] 李小康，杨磊，刘磊. 未爆弹药问题及其地球物理解决方案综述［J］. 中国矿业，2010，19（S1）：187 – 191.

[60] 殷鹏. 物联网技术在弹药集装箱公路运输中的应用［J］. 国防交通工程与技术，2014，12（4）：7 – 9 + 30.

[61] 范晓军. 现代战争条件下装备保障信息化研究［D］. 长沙：国防科学技术大学，2006.

[62] 郑金忠，张传峰，张辉. 现代战争中美军物流实践与启示［J］. 物流科技，2004（8）：87 – 89.

[63] 王文峰. 装备保障网络优化设计问题研究［D］. 长沙：国防科学技术大学，2008.

[64] 李建印. 高原高寒地区作战装备保障能力研究［M］. 北京：军事科学出版社，2015.

[65] 翁国良. 基地化装备保障［M］. 北京：解放军出版社，2009.

[66] 于永利，李三群，宋海霞. 基于保障特性的装备需求量预测方法［M］. 北京：国防工业出版社，2015.

[67] 葛强，姬风臻，赵武奎，等. 解读美军弹药勤务部队［J］. 仓储管理与技术，2003（4）：57 – 58.

[68] 陈军生. 军事装备保障学［M］. 北京：国防大学出版社，2018.

[69] 于川信，刘志伟. 美国国防部装备保障路线图［M］. 北京：军事科学出版社，2012.

[70] 曹玉芬. 美国陆军数字化部队装备保障研究［M］. 北京：总装备部装甲兵装备技术研究所，2012.

[71] 孟涛，刘子军，李振敬. 美军弹药包装特点对我军发展弹药集合包装的启示［J］. 军械士官，2013（4）：12 – 13.

[72] 吴金良，蒋国富. 美军弹药保障手段对我军的启示［J］. 仓储管理与技术，2014（1）：61 – 62.

[73] 沈寿林. 美军弹药保障研究［M］. 北京：军事科学出版社，2010.

[74] 姬风臻，葛强. 美军弹药分配系统的演变［J］. 装备保障瞭望，2022（6）：47 – 48.

[75] 许则华，刘旭，杨进涛. 美军弹药供应保障手段的发展及对我军的启示［J］. 装备学术，2011（4）：79 – 80.

[76] 任杰，田润良，赵世宜. 美军弹药集装化保障及启示［J］. 后勤科技装备，2015（4）：60 – 61.

[77] 张颖，田润良，李勤真. 美军弹药集装化运输的思考与启示［J］. 国防交通，2016（6）：78 – 80.

[78] 占超，何显鹏，侯素娟. 美军弹药信息化保障给我军的启示［J］. 价值工程，2020，39（12）：189 – 190.

[79] 邵云海，任风云，赵世英. 美军弹药信息化保障手段对我军航空弹药保障的启示

　　　　［J］. 空军勤务学院学报，2014（6）：87 – 90.

［80］ 王立欣，李文生，赵美，等. 美军弹药需求研究概况［J］. 物流科技，2011，34
　　　　（10）：105 – 107.

［81］ 张琥，吕清天. 美军地面覆土弹药库设计及启示［J］. 海军工程技术，2017（3）：
　　　　15 – 16.

［82］ 张晓玲. 美军加强弹药需求论证的几点做法［J］. 外军炮兵防空兵，2015（5）：
　　　　7 – 8.

［83］ 孙宝龙. 通用装备保障概论［M］. 北京：国防大学出版社，2011.

［84］ 张景臣. 外军装备保障［Z］. 总装备部综合计划部，2008.

［85］ 张东升，任世民，王晖. 外军装备保障概论［Z］. 装甲兵工程学院，2006.

［86］ 曹玉芬，刘世泉. 外军装甲装备保障研究［Z］. 总装备部装甲兵技术研究所，2014.

［87］ 李庭筠. 用于未爆弹探测的磁梯度探测技术研究［D］. 成都：成都理工大学，2020.

［88］ 徐良法，杨京广. 战时美军弹药保障研究及对我军弹药保障的启示［J］. 航空兵士官，
　　　　2019（4）：4 – 6.